CONTRIBUTION

AUX

INDICATIONS CURATIVES

DES

EAUX DE ROYAT

Par le D^r CH. LAUGAUDIN,

CHEVALIER DE LA LÉGION D'HONNEUR,

Ancien médecin principal de la marine, ancien président de la Société Médicale
des Alpes-Maritimes, Membre de la Société d'Hydrologie,

Médecin aux Eaux de Royat.

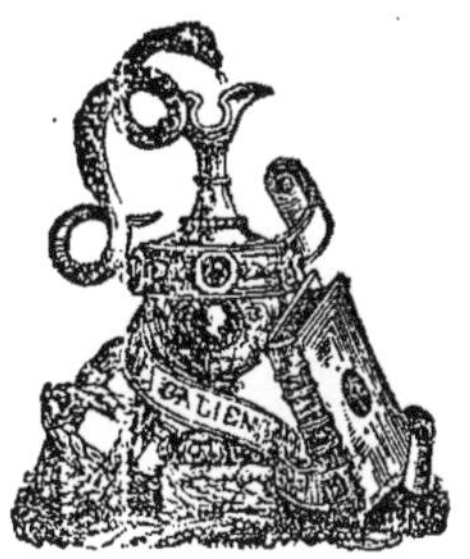

PARIS

ADRIEN DELAHAYE

LIBRAIRE-ÉDITEUR

PLACE DE L'ÉCOLE DE MÉDECINE.

—

MÉDAILLE D'ARGENT A L'EXPOSITION UNIVERSELLE DE 1867.

—

1870.

CONTRIBUTION

AUX

INDICATIONS CURATIVES

DES

EAUX DE ROYAT

Par le D^r CH. LAUGAUDIN,

CHEVALIER DE LA LÉGION D'HONNEUR,

Ancien médecin principal de la marine, ancien président de la Société Médicale des
Alpes-Maritimes, Membre de la Société d'Hydrologie,

Médecin aux Eaux de Royat.

PARIS

ADRIEN DELAHAYE

LIBRAIRE-ÉDITEUR

PLACE DE L'ÉCOLE DE MÉDECINE.

—

MÉDAILLE D'ARGENT A L'EXPOSITION UNIVERSELLE DE 1867.

—

1870.

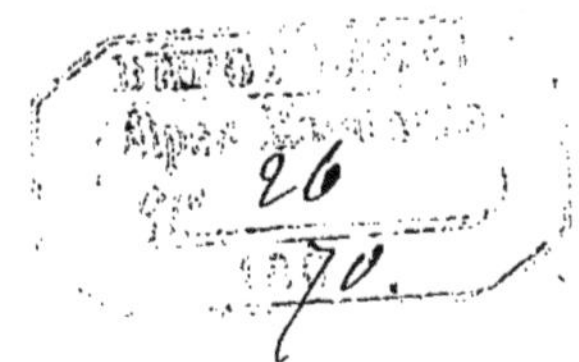

DES THERMES DE ROYAT.

AVANT-PROPOS.

Quoique ce travail soit uniquement une étude thérapeutique des Thermes de Royat, et qu'à ce titre nous n'ayons ni description à en faire, ni action physiologique à rechercher, nous croyons devoir cependant, avant d'aborder la partie principale de notre travail, faire connaître le nombre des sources, leur position, leur débit et leur composition chimique. Ces éléments présentés en quelques pages suffiront aux médecins pour se remémorer tout ce qui leur est intéressant de savoir, et la dernière donnée, celle de la composition chimique, leur permettra de comparer à chaque instant les résultats obtenus par la médication thermale, avec la nature et les proportions des sels que contiennent nos sources.

HISTORIQUE.

—

Tout le monde sait que le département du Puy de
Dôme est un des plus riches de la France en sources
minérales. M. Lecoq, le savant professeur de la faculté
des sciences de Clermont, dans ses intéressantes recherches géologiques sur l'Auvergne, est arrivé à en
compter plusieurs centaines, fortes ou faibles. Mais aucune d'elles n'approche pour l'importance du débit de
celles de Royat.

La station thermale de Royat comprend officiellement
quatre sources. La grande source ou source Eugénie,
la source de César, celle de St-Mart et celle des Roches.
Mais les deux premières constituent seules les ressources balnéaires qu'on rencontre dans cette station.

La source de St-Mart est aujourd'hui sans emploi,
et celle des Roches, située à plus d'un kilomètre de distance, n'est employée qu'en boisson, et encore d'une
manière toute accidentelle.

Les sources de Royat ont été utilisées dès la plus
haute antiquité, et deux baignoires avec leurs conduits
en poterie, découvertes lorsqu'on fit la route de Mont-
Dore, et qui existent encore, prouvent suffisamment que
les Romains, ces grands chercheurs de sources thermales, n'avaient eu garde de négliger celles si importantes
du vallon de St-Mart.

Mais pendant la longue période du moyen âge, dans
ces siècles de désordre et de barbarie, où les vestiges de

la civilisation romaine disparurent sous le flot envahis-
sant des barbares, les thermes de Royat subirent le sort
de tant d'autres établissements, et disparurent aussi.
Les sources se perdirent, les conduits se bouchèrent, et
le souvenir même de leur existence s'effaça à son tour.

Ce qu'il y a de curieux, c'est que les deux sources
actuellement employées à l'exclusion des autres, sont
précisément celles dont on n'avait plus aucune notion,
et que la source de St-Mart. maintenant abandonnée,
constituait à elle seule, dans la première partie de ce
siècle, toute la richesse thermale de ce vallon de
St-Mart qui n'est que la partie terminale de la vallée
de Royat.

Ce nom de St-Mart paraît provenir d'un anachorète,
Sanctus Martius, qui avait établi sa retraite dans cette
partie de la montagne, et qui lui laissa son nom. Plus
tard, un couvent fondé en ces lieux prit aussi le nom
de St-Mart, qui se transmit par extension à la source
exploitée.

Comme nous venons de le dire, au commencement de
ce siècle il n'existait plus à St-Mart que la source
de ce nom autour de laquelle avaient été élevées quelques barraques grossières, destinées aux besoins balnéaires des gens des environs. Mais en 1835, une trombe
qui ravagea la vallée, jeta bas tout cet établissement qui
ne fut plus reconstruit.

On la voit toujours sortir de dessous le moulin de St-
Victor, par une petite ouverture ménagée dans le mur,
et se perdre aussitôt dans la Tiretaine, laissant sur son
passage une longue trainée ocreuse, indice de la grande
quantité de fer qu'elle renferme.

Mais ce qui a plus contribué que tout le reste à faire

abandonner la source peu abondante de St-Mart, c'est la découverte de deux sources presque identiques par leur composition et plus importantes par leur débit. Ce sont les sources de César et la grande source.

Nous avons dit en commençant que les thermes de Royat comprenaient officiellement quatre sources ; expliquons-nous brièvement sur chacune d'elles.

1° La source de St-Mart, jadis seule usitée, aujourd'hui délaissée, et dont nous venons de faire en quelques mots l'historique. Sa température est de 31°. Son débit est de 21,000 litres par 24 heures. Elle pourrait fournir beaucoup plus, dit M. Lecoq *(Eaux minérales du massif central de la France)* si elle était fouillée.

Elle sort des grès secondaires ou tertiaires du Puy de Chateix. Elle renferme par litre 5^{gr} 396^c de principes salins.

Comme elle est abandonnée aujourd'hui, elle n'offre plus qu'un intérêt tout à fait secondaire, mais combien de localités qui regarderaient comme une fortune de posséder une source pareille.

2° La source de César, une des deux utilisées en ce moment, sort aussi des grès secondaires ou tertiaires du Puy de Chateix. Sa temperature est de 29°. Son débit des 36,000 litres par jour. Elle contient 4^{gr} 067^c de principes salins.

La source de César a été fort anciennement connue. Elle est très-probablement une des deux sources signalées par le Dr Buchez, qui a visité l'Auvergne en 1748, lorsqu'il dit qu'il y avait anciennement quatre fontaines d'eau minérale, dont il n'existe plus que deux, la première dans une place au-dessus du moulin de l'Hôpital, la seconde à côté du moulin de St-Mart.

Ce qu'il y a de positif, c'est qu'elle était entièrement perdue, quand en 1822 des fouilles exécutées, mirent à jour d'anciennes constructions prouvant qu'elle avait été utilisée à une époque bien reculée. On trouva, à une profondeur de cinq mètres, un puits carré d'un mètre de côté par lequel venait jaillir une source minérale. On a, sur cette vieille construction, édifié un puits à forme arrondie s'élevant à un mètre au-dessus du sol, et servant à contenir la source qui monte en bouillonnant jusqu'à sa partie supérieure.

Elle sert à alimenter quatre baignoires et une buvette fort suivie. Si un réservoir était bâti autour de la source pour recevoir et conserver les eaux qui aujourd'hui se perdent dans le ruisseau, on pourrait obtenir de la source de César des ressources beaucoup plus grandes.

3° La grande source ou source Eugénie est de beaucoup la plus importante et la plus considérable des sources de Royat. C'est d'elle qu'il est uniquement question quand on parle des thermes de cette localité.

Singulier exemple des vicissitudes des choses de ce monde, cette source, la plus belle sans conteste des sources thermales de l'Auvergne, et une des plus considérables qu'il y ait en France, était complétement ignorée il y a encore trente ans. Nous ne raconterons pas toutes les phases par lesquelles on est passé pour arriver au résultat existant aujourd'hui, car ce n'est pas tout d'un coup qu'on est arrivé à obtenir la magnifique fontaine jaillissante dont nous faisons l'historique.

Cette source sort à travers des travertins qu'il a fallu enlever pour lui donner passage. Il y avait d'abord plusieurs bouillons sortant par plusieurs issues qui ont été réunis en un seul jet. C'est de 1842 à 1845 qu'ont été exécutés les travaux qui ont conduit à ce résultat.

Enfin c'est en 1845 qu'a été ouvert pour la première fois l'établissement thermal existant aujourd'hui, et qui renferme 72 baignoires, des douches, des piscines, des salles d'aspiration, etc., etc.... Il est uniquement alimenté par la grande source.

Depuis les travaux de captage exécutés par M. François, ingénieur en chef des mines, le débit de la source Eugénie est de 1,440,000 litres par jour, autrement dit 1,440 mètres cubes ; ce qui fait 1,000 litres par minute.

Sa température est de 35° 5, au griffon et rendu dans les baignoires, de 34°, avantage inestimable qui permet de donner les bains à eau courante, attendu qu'il n'y a ni à réchauffer ni à refroidir l'eau.

Elle renferme 5^{gr} 724^c de principes salins.

C'est à côté de cette source que se trouvent les deux baignoires romaines dont nous avons parlé, et qui ne sont évidemment que les restes d'un établissement thermal jadis existant, lequel était alimenté par cette même source.

4° La quatrième source qui fait partie des termes de Royat, et qu'on y a rattaché, nous ne savons pourquoi, car elle est bien plus rapprochée de Clermont que de Royat, est celle des Roches.

Elle est située en face de la poudrière, au milieu des jardins. En 1843 on l'a captée et renfermée dans un bâtiment.

Sa température est de 19° 5. Son débit, d'après M. Nivet, serait de 25 à 30,000 litres par 24 heures. Ses éléments minéralisateurs sont de 5^{gr} 146^c.

Elle est fort peu utilisée dans le traitement thermal

fait à Royat, tandis qu'on la transporte en assez grande quantité à Clermont où beaucoup de gens en font usage.

Nous ne nous arrêterons pas plus longtemps sur cette source tout à fait secondaire.

Composition chimique.

La composition chimique des sources de Royat est chose fort importante pour le chimiste et pour le médecin.

Aux chimistes, elle a servi à les classer parmi les eaux alcalines bicarbonatées mixtes. Pour les médecins la composition chimique sert à faire prévoir à priori les affections dans lesquelles il est à présumer qu'elles doivent êtres utiles. Nous la donnerons ici afin qu'à chaque instant il soit loisible au praticien de consulter ce tableau et de comparer les éléments que contiennent nos eaux avec les résultats qu'on en obtient.

Ces sources ont été plusieurs fois soumises à l'analyse mais nous ne parlerons pas de celles qui sont un peu anciennes.

Les deux plus récentes sont, celle de M. Nivet, et en dernier lieu, celle de M. Lefort. Elles diffèrent si peu l'une de l'autre, que, les donner toutes les deux serait faire double emploi.

C'est en 1856 que M. Lefort, chimiste distingué qui s'est fait connaître par de nombreux travaux sur les eaux minérales, entreprit des recherches étendues sur les eaux d'Auvergne, et soumit à son analyse non-seulement la grande source, mais encore celles de César, de St-Mart et des Roches.

Ses analyses faites avec le plus grand soin, étant admises aujourd'hui comme l'expression la plus exacte de la composition des dites sources, nous croyons devoir les reproduire en les mettant en regard les unes des des autres.

Tableau synoptique de la densité, de la température et des substances contenues dans un litre d'eau de chacune des sources minéralisées de Royal.

NOMS DES SOURCES :

	Royat (source Eugénie).	César.	Saint-Mart.	Les Roches.
Densité............	1,0025	1,0016	1,0020	1,0022
Température.......	85°,5	29°	31°	19°,5
	cc.	cc.	cc.	cc.
Azote.............	5,2	3,8	4,2	2.8
Oxygène..........	1,1	0,9	0,8	0,4
Chlore...........	1,050	1,466	1,022	0,708
Brome et iode......	indices	indices	indices	indices
Acide carbonique...	2,974	2,294	2,491	2,920
— sulfurique ...	0,107	0,065	0,092	0,069
— phosphorique.	0,010	0,008	0,004	0,003
Potasse...........	0,225	0,148	0,161	0,189
Soude...........	1,185	0,572	0,680	0,909
Chaux..........	0,392	0,257	0,330	0,372
Magnésie.........	9,204	0,127	0,164	0,195
Alumine.........	traces	traces	traces	traces
Silice...........	0,156	0,167	0,089	0,102
Protoxyde de fer...	0,020	0,009	0,018	0,018
Oxyde de Manganèse	traces	traces	traces	traces
Arsenic..........	indices	indices	indices	indices
Matière organique..	indices	indices	indices	indices
Totaux ..	6,323	4,123	5,050	5,485

Tableau synoptique des diverses combinaisons salines anhydres attribuées hypothétiquement à un litre d'eau de chacune des sources de Royat.

NOMS DES SOURCES :

	Royat (source Eugénie).	César.	Saint-Mart.	Les Roches.
	lit.	lit.	lit.	lit.
Acide carbonique libre.	0,377	0,620	0,532	0,834
	gr.	gr.	gr.	gr.
	ou 0,748	ou 1,229	ou 1,850	ou 1,646
Carbonate de soude ...	1,349	0,392	0,421	0,428
— de potasse ...	0,435	0,286	0,365	0,312
— de chaux.....	1,000	0,586	0,953	0,822
— de magnésie..	0,677	0,387	0,611	0,514
— de fer.......	0,040	0,025	0,042	0,042
— de manganèse	traces	traces	traces	traces
Sulfate de soude......	0,185	0,115	0,163	0,123
Phosphate de soude ...	0,018	0,014	0,007	0,005
Arséniate de soude (1).	traces	traces	traces	traces
Chlorure de sodium ...	1,628	0,766	1,682	1,165
Iodure et bromure de sodium.....	indices	indices	indices	indices
Silice	0,156	0,167	0,102	0,089
Alumine............	traces	traces	traces	traces
Matière organique.....	indices	indices	indices	indices
Poids des combinaisons salines anhydres, les sels étant à l'état de bicarbonates	5,724	4,067	5,396	5,14
Poids des combinaisons anhydres trouvées par expérience, les sels étant à l'état de carbonates neutres	5,152	2,344	3,952	2,760

(1) M. le baron Thénard a trouvé à Royat $0^{mm},35$ d'arsenic par litre d'eau.

THÉRAPEUTIQUE.

—

Etablir d'une manière précise les indications théra-peutiques d'une eau minérale, est chose fort difficile.

Ce qui frappe l'attention quand on parcourt les ou-vrages publiés sur ce sujet, c'est d'y voir énumérées à la suite les unes des autres, les affections en apparence les plus disparates. Or, il semble difficile d'admettre qu'une même eau puisse guérir en même temps les affec-tions pulmonaires, celles des voies digestives, des nerfs, des voies urinaires, etc.... C'est même cette diversité qui fait dire dans le monde que les eaux sont des remè-des à tous les maux, et qu'elles sont également bonnes . pour tout.

Cependant la thérapeutique thermale doit avoir ses règles générales comme toutes les autres médications, et il est impossible d'admettre que, pour cette branche importante de l'art de guérir, l'empirisme et le tâton-nement soient la seule règle à invoquer.

Les guérisons et les échecs ne peuvent ainsi être se-més au hasard. Si la même affection guérit chez un malade, et résiste chez un autre, c'est qu'il doit y avoir, soit dans la constitution des individus, soit dans la na-ture du mal, des différences que nos sens n'apprécient pas toujours, mais qui n'en existent pas moins, et qui font que le même remède n'agit plus de la même façon.

Le devoir des médecins qui s'occupent spécialement des eaux thermales doit être de chercher à se dégager des incertitudes au milieu desquelles ils exercent, et à réunir les données fournies par l'expérience pour en tirer quelques principes qui puissent servir à éclairer la pratique journalière.

La composition chimique d'une eau minérale peut bien servir à fixer la classe dans laquelle on doit la ranger, mais elle est de peu d'utilité quand il s'agit de préciser les maladies contre lesquelles on peut rationnellement l'employer. Et ceci est d'autant plus exact que les eaux minérales ne sont pas des médicaments simples, mais bien un amalgame de substances différentes dont il est impossible d'établir à priori la résultante d'action.

Pour trouver ces principes généraux qui puissent servir à une classification des eaux minérales, d'après leurs indications thérapeutiques, il est évident qu'il faut les chercher, non dans les maladies passagères que nous rencontrons chaque jour, mais dans ces prédispositions morbides qui embrassent l'organisme entier, et impriment un cachet particulier en toute affection intercurrente survenue chez l'individu ainsi prédisposé.

En un mot, c'est dans l'étude des diathèses qu'il faut, selon nous, chercher les bases de la thérapeutique thermale. C'est surtout contre ces maladies *totius substantiæ*, que les eaux bien appliquées conduisent à des résultats si remarquables parfois. Elles agissent sur tous les organes en même temps, elles impriment à la constitution un ébranlement général qui aide à la résolution des affections locales.

C'est de cette façon, plutôt que par leur action directe sur le mal apparent, qu'elles ramènent à la santé les personnes qui vont y chercher du soulagement.

Cette donnée admise, il est facile de comprendre comment une eau thermale peut être utile dans les cas en apparence les plus variés. Que le malade soit atteint d'une affection pulmonaire, d'un état nerveux ou d'une dermatose, la même eau les guérira également bien, si toutes ces affections si diverses sont entretenues par la préexistence d'un même état diathésique. Car c'est sur celui-ci que le traitement thermal agira avec efficacité et en modifiant ou atténuant sa puissance, conduira à la résolution des affections diverses qui n'en sont que la manifestation extérieure.

Conséquent avec les idées que nous venons d'émettre, nous avons cherché à en faire l'application aux eaux de Royat qui ont été l'objet principal de nos recherches, et nous avons cru devoir résumer leurs indications thérapeutiques en disant qu'elles convenaient : 1° dans les affections chroniques compliquées de chloro-anémie; 2° dans les manifestations extérieures de l'état constitutionnel qu'on désigne sous le nom *d'arthritis*.

Cette manière de voir, émise il y a déjà quelques années, nous valut à cette époque quelques critiques. On nous reprocha d'être trop affirmatif dans la question de ces prédispositions morbides qualifiées du nom d'état constitutionnel et surtout de leur faire jour dans la caractéristique des eaux de Royat un rôle trop prépondérant, souvent contredit par les faits. La science thermale, nous disait-on, ne se prête pas à ces divisions précises et absolues.

Cependant, aujourd'hui encore, après six années de pratique et d'expérience, nous maintenons toujours nos premières appréciations, et le temps, loin de les affaiblir, n'a servi qu'à fortifier nos convictions.

Ce n'est pas que nous ayons la prétention de croire que les indications que nous venons de poser soient à l'abri de tout reproche. Nous-même serions peu embarrassé pour citer de nombreuses exceptions. Mais nous croyons cependant devoir les accepter comme règle, parce qu'elles sont une base, sur laquelle on peut s'appuyer pour prévoir les résultats qu'on peut obtenir de l'emploi de nos eaux, et qu'elles substituent une règle, une donnée quelconque au vague et à l'incertitude.

Dire que les eaux de Royat sont utiles dans les affections des voies respiratoires, dans les névroses gastro-intestinales, dans les dermatoses, serait dire peu de chose, car toutes les eaux à peu près peuvent réclamer les mêmes indications thérapeutiques ; mais si nous ajoutons qu'elles sont d'une efficacité réelle quand ces affections reconnaissent pour cause déterminante, soit un état de débilité profonde, soit surtout un état diathésique rhumatismal ou goutteux, nous donnons alors une indication précise qui permet de différencier Royat des autres eaux thermales.

Maintenant, que la médication thermale échoue souvent, alors même qu'elle semblait le mieux indiquée, c'est un fait que nous sommes forcé de reconnaître et qui arrive malheureusement auprès de toutes les stations d'eaux, mais les succès sont trop nombreux pour que nous puissions méconnaître toute l'importance de nos thermes, quand leur indication curative a été judicieusement établie.

Or, nous ne voyons pas d'autres bases sur lesquelles nous pourrions nous appuyer pour établir l'opportunité des eaux de Royat que celles que nous avons indiquées plus haut, tout en tenant compte de l'âge, du sexe, du tempérament du malade, de la période à laquelle se trouve la maladie, etc..., toutes conditions qui doivent être pesées avec soin quand on prescrit un traitement quelconque.

Il suffit d'examiner le tableau que nous avons donné précédemment de la composition chimique des eaux de Royat, et de remarquer les proportions de certains éléments, pour comprendre qu'elles doivent en effet avoir sur les individus une action tonique et reconstituante.

Mais il est un moyen d'appréciation que nous préférons de beaucoup au précédent. C'est l'expérience, autrement dit, l'étude des résultats obtenus chez les nombreux malades que nous y observons chaque année. Or, s'il est un fait acquis pour nous, c'est que nos eaux ont l'action la plus fortifiante sur tous ceux qui en font usage, quel que soit par ailleurs l'action curative du traitement sur l'affection locale dont ces personnes sont atteintes.

Pour être aussi affirmatif, ce n'est pas au dire des gens qui viennent passer une saison de vingt à vingt-cinq jours et nous quittent ensuite, souvent fatigués de leur traitement, que nous nous en rapportons. Mais Royat voit un grand nombre de malades revenir deux ou trois années de suite, et quelquefois plus encore. Ce sont les assertions de ces fidèles baigneurs qui nous ont confirmé dans l'exactitude du fait que nous avançons, c'est-à-dire dans l'action essentiellement fortifiante de nos thermes.

A ce titre d'eaux reconstituantes, Royat convient donc parfaitement à la longue catégorie des personnes qui souffrent d'un appauvrissement du sang ; soit que la choloro-anémie avec son cortège habituel de névropathies de toutes sortes constitue à elle seule la maladie, soit qu'elle ne vienne qu'en seconde ligne, et comme complication d'un affection locale quelconque.

Dans ces dernières circonstances, le rôle de l'anémie, quoique secondaire, n'est pas moins important. Sous son influence, les fonctions vitales languissent, la nutrition se fait mal, le sang tend de plus en plus à s'appauvrir, les réactions manquent, et l'organisme perd le ressort nécessaire pour réagir contre l'état morbide. Rendue à ce point, l'anémie, de secondaire, devient pour ainsi dire l'affection principale qu'il faut combattre et amender si l'on veut voir disparaître ensuite l'affection locale.

Nous avons affirmé aussi l'action curative réelle des eaux de Royat contre les diverses manifestation de l'état constitutionnel qu'on désigne sous le nom *d'arthritis*.

Comme dans le cours de ce travail il nous arrivera souvent de nous servir des expressions *manifestations artrhitiques, arthritides,* nous croyons nécessaire de nous arrêter ici quelques instants. Loin de nous l'intention de nous livrer à une étude de doctrines médicales, mais nous pensons qu'il nous est impossible de passer outre, sans dire quelques mots de celle des maladies constitutionnelles qui rentre directement dans les limites de notre travail. Nous voulons parler de l'existence de l'*arthritis,* question fort controversée aujourd'hui.

Cette expression, employée jadis pour désigner les manifestations de la goutte et celles du rhumatisme, a été, depuis Baillou, réservée aux seules manifestations de la goutte dont on a nettement séparé le rhumatisme.

Mais de nos jours des médecins du plus grand mérite, parmi lesquels nous citerons MM. Chomet, Grisolle, Guéneau de Mussy, Pidoux, etc..., ont repoussé cette séparation entre deux formes morbides que tant de liens rattachent l'une à l'autre. Nous ne devons pas aussi passer sous silence le nom du savant professeur de l'hôpital St-Louis, de M. Bazin, car nul praticien n'a contribué plus que lui à rendre à l'expression d'*arthritis* la double signification qu'on y attachait jadis.

Après avoir pendant longtemps regardé la goutte et le rhumatisme comme deux maladies distinctes, mais placées côte à côte sans intermédiaire dans le cadre nosologique, M. Bazin en est arrivé à les faire descendre du rang d'entité morbide pour ne plus en faire que deux formes d'un état général unique, l'*arthritis*.

C'est sur ce point que la contradiction s'établit.

Certainement, quand la goutte et le rhumatisme se montrent dans leur type parfait, il est en général facile de les distinguer; mais, dans quelques cas, les phénomènes pathologiques de l'une deviennent tellement identiques à ceux de l'autre, que les médecins se trouvent embarrassés pour décider à quelle affection ils ont affaire.

C'est pour ces cas douteux qu'a été créée l'expression de *rhumatisme goutteux,* qui prouve bien l'incertitude dans laquelle se trouvent parfois les praticiens pour établir leur diagnostic, expression bâtarde et qui restera néanmoins dans la science, malgré les attaques dont elle est l'objet, parce qu'elle répond à un besoin de la pratique.

Garrod, auteur du plus récent traité sur la goutte, avoue lui-même s'être trouvé quelquefois fort embarrassé pour établir un diagnostic précis entre ces deux maladies.

M. Charcot, à qui l'on doit de fort belles leçons sur cette obscure question de pathologie, se déclare parti-

san convaincu de la séparation de ces deux entités morbides, ou, comme il le dit, de ces deux diathèses, et
pourtant, malgrè sa conviction, il est hésitant, incertain,
quand il aborde ce difficile sujet. Écoutons-le parler.

« . . . . Et cependant nous sommes profon-
» dément convaincu que les mots de goutte et de rhu-
» matisme représentent deux types morbides essentiel-
» lement distincts et qui ne doivent pas être confondus.
» Peut-être les verrons-nous se réunir sur le terrain de
» l'étiologie, mais une fois constitués, ils suivent une
» marche parallèle sans jamais se rencontrer. . . . . »

Il n'y a nulle différence entre cette opinion de M.
Charcot, partisan de la séparation, et celle de M.
Pidoux, partisan au contraire de l'identité, qui déclare
que pour lui « la goutte et le rhumatisme étaient deux
« rameaux issus d'une souche commune.'» Remarquons
ce passage où M. Charcot dit : « Peut-être les verrons-
» nous se réunir sur les terrains de l'étiologie. » N'est-
ce pas la même opinion qu'émettait M. Pidoux lorsqu'il
disait, dans son style pittoresque, que là où le général
contractait la goutte le soldat attrapait un rhumatisme.

C'est qu'en effet rien n'est plus difficile que d'établir
le point d'intersection entre ces deux maladies, et de
dire là où finit le rhumatisme, là où commence la goutte.

Que ces deux maladies soient différentes, le fait est
incontestable; on voit tous les jours des individus rester
rhumatisants toute leur vie, subir de violentes attaques
tantôt sur certaines articulations, tantôt sur d'autres,
arriver à des déformations articulaires, sans que jamais
on voie se produire chez eux le produit essentiel de la
goutte, le tophus.

Tel individu débutera par la goutte, et tel autre par

le rhumatisme, et ils chemineront dans la vie, en proie tous les deux à des attaques vives et douloureuses, soumis tous les deux à des difformités articulaires, semblables en apparence, sans cependant arriver à confondre jamais leurs maladies. L'un sera toujours goutteux, l'autre restera rhumatisant et jamais on ne trouvera chez ce dernier ni tophus, ni imprégnation d'acide urique.

Mais parce que ces deux maladies ne se confondent pas et ne se transforment pas l'une dans l'autre, est-ce à dire qu'elles n'ont rien de commun, et qu'on ne puisse les considérer comme provenant d'une souche commune ?

M. Trousseau qui, lui aussi, repousse l'identité de ces deux maladies, arrive pourtant à cette singulière déclaration qui nous semble atténuer considérablement la portée de son opinion première. Parlant des analogies entre la goutte et le rhumatisme, il dit :

« . . . . . . Les analogies auxquelles je fais allu-
» sion sont d'autant plus grandes que non-seulement les
» deux diathèses se confondent chez un même individu,
» mais qu'elles se confondent encore dans l'hérédité ;
» j'entends par là qu'un goutteux peut engendrer un
» rhumatisant, et réciproquement. Il est évident qu'el-
» les ont entre elles un lien étroit de parenté. » (*Cliniq. Médic.* T. 3. P. 348.)

Qu'est ce donc que ces deux maladies qui peuvent ainsi s'engendrer réciproquement, sinon deux formes différentes d'un même état pathologique.

S'il y a tant de rapport et de similitude entre les deux maladies primitives, il n'y en a pas moins dans les affections secondaires qui en dérivent. Goutteux et rhumatisants sont aussi sujets les uns que les autres à l'asthme, aux catarrhes, aux hémorrhoïdes. Les uns et les autres sont également sujets aux troubles cérébraux, aux dyspepsies, aux affections cutanées, etc....

On peut seulement dire que la goutte laisse une empreinte plus profonde que le rhumatisme, et que les manifestations diverses qui signalent sa présence sont généralement plus sérieuses que les manifestations rhumatismales.

Ce n'est pas qu'il n'existe entre ces deux maladies des différences assez nettement accentuées. La présence de l'acide urique dans le sang, l'existence de dépôts plus ou moins volumineux d'urate de soude dans les articulations qui ont été frappées par la goutte, et l'absence de ces principes chez les rhumatisants, suffisent à établir entre la goutte et le rhumatisme une distinction qui pourrait paraître complète.

Mais, sans parler de Trousseau qui ne paraît pas attacher à ces signes distinctifs une importance capitale, nous rappellerons que M. Charcot, et avant lui Garrod lui-même, ont reconnu que la présence de l'acide urique dans le sang pouvait se rencontrer, en dehors de toute diathèse goutteuse, dans la forme chronique de la maladie de Bright, dans certaines intoxications saturnines, et qu'elle s'est présentée accidentellement dans des cas d'apoplexie et de convulsions épileptiformes. D'un autre côté, il n'est personne qui ne sache que, sous l'influence de l'attaque rhumatismale, les proportions d'acide urique sont augmentées d'une manière sensible.

Il n'y a donc plus entre les deux maladies qu'une différence du plus au moins.

Or, quand deux maladies peuvent se signaler par des phénomènes tellement semblables qu'il devient souvent impossible pour le médecin de les distinguer, quand toutes les deux peuvent donner lieu aux mêmes accidents, qu'elles réclament le même mode de traitement, nous croyons qu'il y a tout avantage à ne pas les séparer dans la nosologie, et à les regarder comme provenant d'une origine commune.

Or, cette souche, ce tronc commun, comme le dit M. Pidoux, dont la goutte et le rhumatisme formeraient comme les deux rameaux, est ce que l'on a désigné sous le nom *d'arthritis* et dont on a fait une maladie constitutionnelle.

C'est aussi dans ce sens que nous emploierons cette expression dans le cours de ce travail. Nous avons dit que les eaux de Royat étaient fort utiles dans les manifestations de l'état arthritique. En nous exprimant ainsi nous entendons donc désormais comprendre non-seulement les affections dépendant de la diathèse goutteuse, mais encore celles qui relèvent du rhumatisme, que nous confondons ensemble, sous la dénomination *d'affections arthritiques*.

Pour étudier convenablement les affections diverses que l'on traite avec succès à Royat, il faut bien se rappeller notre point de départ.

Ou bien ces affections doivent être purement accidentelles et ne devant leur chronicité qu'à la débilitation générale de l'organisme; ou bien leur chronicité doit être attribuée à la diathèse arthritique.

Nous ne voudrions pas cependant que l'on pût regarder les règles que nous posons ici comme une espèce de cercle de Popilius dans lequel nous chercherions à enserrer les praticiens.

Chaque règle a ses exceptions, et plus nous acquérons l'expérience des eaux, plus nous rencontrons de ces faits inexplicables qui mettent en échec notre théorie. Aussi ne la proposons-nous que comme une base, le plus souvent juste, sur laquelle les médecins peuvent s'appuyer pour ordonner l'emploi des eaux de Royat et prévoir à l'avance les résultats qu'il est licite d'en attendre.

En se circonscrivant dans ces limites, nous croyons que le praticien met de son côté le plus de chances possibles de succès ; en dehors de là, il n'y a plus pour nous que vague et incertitude.

Nous allons maintenant passer en revue les maladies les plus fréquentes que nous avons été à même d'observer à notre station thermale et nous verrons en passant jusqu'à quel point les faits s'adaptent aux doctrines que nous préconisons.

CHAPITRE Ier.

Maladies des voies respiratoires.

Les affections des voies respiratoires nous fournissent chaque année un nombreux contingent, et nous pouvons dire tout de suite qu'il est peu de malades qui n'en retirent quelques bons effets.

On sait de quelle réputation jouit contre ces sortes d'affections la station du Mont-Dore. Sans vouloir nuire à son éminente voisine, celle de Royat peut réclamer jusqu'à un certain point les mêmes effets curatifs. Les ressources balnéaires sont les mêmes, et une médication complète peut se faire aussi bien dans cette dernière localité que dans la première. Ce n'est pas cependant qu'il n'existe des différences marquées entre ces deux stations. Les eaux de Royat sont moins chaudes mais beaucoup plus minéralisées, et cependant elles passent pour plus faibles et plus douces que celles du Mont-Dore. Nous pensons qu'elles doivent principalement cette dernière réputation à la manière dont elles sont administrées, le traitement à Royat étant plus prolongé et moins excitant.

Mais, tout en rapprochant ces deux localités au point de vue thérapeutique, il est impossible de méconnaître qu'il existe entre ces deux stations thermales des différences assez marquées pour qu'il ne soit pas indifférent de diriger les malades sur l'une ou sur l'autre.

Le Mont-Dore est plus riche que Royat en arsenic; Royat l'emporte sur le Mont-Dore par la proportion de ses éléments alcalins et ferrugineux; et cette différence dans les principes constituants, entraîne naturellement un mode d'action différent.

C'est surtout quand la débilité et l'atonie se mêlent aux affections bronchiques, que la station thermale de Royat jouit d'une efficacité réelle dont nous donnerons des preuves.

Bronchite chronique. — Catharre pulmonaire chronique. — Emphysème pulmonaire.

La bronchite chronique est une des affections qui conduisent le plus de malades aux eaux minérales, et il en est peu qui soient plus favorablement modifiées quand les indications curatives en sont bien établies.

Elle naît rarement d'emblée, et quoique le fait ne soit pas impossible, on doit reconnaître que généralement elle est consécutive à un état aigu.

Quand le malade est d'une bonne constitution, quand

les conditions hygiéniques au milieu desquelles il vit sont favorables, il est bien rare que l'affection des bronches devienne chronique, et si le fait a lieu, elle cède ordinairement avec facilité aux ressources que met à notre disposition la thérapeutique.

Mais, dans certaines circonstances, les choses ne marchent pas avec cette régularité, et l'état chronique s'établit sans que les moyens de traitement mis en usage puissent ni l'empêcher ni le déraciner une fois qu'il est constitué.

Dans ces cas, les causes peuvent en être de deux ordres différents.

Ou bien elles se rattachent à l'absence de soins, aux conditions hygiéniques défavorables au milieu desquelles vit le malade, aux privations, à une croissance exagérée, etc., à toutes les causes en un mot qui affaiblissent les ressorts de la vie et diminuent la force de résistance.

Ou bien elles sont dues à la préexistence chez l'individu d'un de ces états diathésiques qui impriment leur cachet à toutes les manifestations pathologiques. Les bronchites nées chez ces personnes retiennent de l'état morbide en puissance un caractère de fixité, de résistance aux médications, qui ne peut être vaincu que par un traitement général destiné à modifier la constitution du malade.

Voici donc deux catégories de bronchites chroniques, semblables en apparence, bien que radicalement différentes en réalité:

1° La bronchite qui ne se lie à aucun état diathésique, et qui ne doit sa chronicité qu'à des causes accidentelles et que nous pouvons appeler extérieures.

2° La bronchite dont la chronicité reconnaît une cause générale, intérieure, si nous pouvons nous exprimer ainsi, une cause qui tient à la constitution même du malade, un état diathésique en un mot.

C'est là une distinction importante pour la thérapeutique, qui doit varier selon les indications de la maladie.

La bronchite chronique frappe indistinctement tous les âges ; cependant, c'est aux extrêmes de la vie qu'elle est le plus fréquente.

Chez les jeunes gens, c'est aux causes de la première catégorie qu'il faut le plus ordinairement rattacher la fréquence des affections pulmonaires.

Chez les vieillards, au contraire, les affections diathésiques jouent le principal rôle. Chez eux, la persistance des causes a entraîné la répétition des effets, les bronchites se sont multipliées, se sont entées les unes sur les autres et ont fini par amener ces catarrhes pulmonaires signalés par une toux incessante et des phénomènes dyspnéiques prononcés.

C'est aussi à cet âge, ou pour être plus exact, c'est dans la seconde moitié de la vie que se rencontrent presque exclusivement ces complications qui sont l'accompagnement ordinaire des vieilles bronchites, qui, nées sous leur influence, viennent ensuite les aggraver, et forcent les malades à vivre toujours valétudinaires.

Nous voulons parler de l'emphysème et des affections du cœur.

L'*Emphysème pulmonaire* est tellement lié à l'existence du catarrhe chronique qu'il nous paraît impossible de l'en séparer ; et du reste, le traitement à lui opposer n'étant autre que celui de la maladie principale, nous croyons devoir les réunir avant de passer outre.

L'emphysème passe pour une lésion incurable et contre laquelle le médecin ne peut rien. Assurément, quand l'affection est ancienne, qu'elle a acquis un développement considérable, que la dyspnée est intense, il n'y a nulle modification à attendre. Mais quand le catarrhe n'est pas enraciné, et surtout quand l'emphysème n'est ni étendu ni ancien, nous croyons qu'en modifiant le catarrhe on peut espérer voir l'ampliation des vésicules pulmonaires diminuer et l'emphysème s'amoindrir et même disparaître.

L'emphysème étant dû aux secousses de la toux, il semblerait devoir toujours être proportionnel au catarrhe ; il n'en est rien. Nous voyons des personnes devenir emphysémateuses pour la moindre bronchite, tandis que chez certains catarrheux les poumons résistent énergiquement à la distension.

Une fois formé l'emphysème entraîne pour le malade des inconvénients qui lui sont propres, et qui le rendent extrêmement pénible. Le principal est une dyspnée proportionnelle à son étendue, et parfois si intense, que les personnes atteintes sont désignées souvent sous le nom d'asthmatiques.

Nous ne nous arrêterons pas plus longtemps sur cette lésion, dont l'histoire et la thérapeutique ne se séparent pas de l'affection principale, la bronchite, dont elle n'est qu'un épiphénomène.

Nous allons maintenant donner quelques observations de bronchites, que nous avons été appelé à soigner et dans lesquelles nous retrouverons l'une ou l'autre des deux indications que nous avons données comme caractéristiques des eaux de Royat.

1re CLASSE. — *Bronchites non diathésiques.*

Ire OBSERVATION.

Mme V., 26 ans. Frêle, délicate, nerveuse. Bonne santé habituelle.

Père mort de pneumonie. Mère et sœurs bien portantes.

Atteinte de fièvre typhoïde grave, suivie d'une convalescence longue et pénible. Au milieu de la convalescence, apparition d'une bronchite rebelle qui dure depuis quatre mois lors de son arrivée à Royat.

Nous la trouvons dans l'état suivant : toux fréquente, par quintes, expectoration muqueuse, jaunâtre, abondante. Douleurs entre les épaules ; sueurs nocturnes. Pouls plein et fréquent sans chaleur. Manque d'appétit. Prostration et maigreur extrêmes. Menstruation régulière. A la percussion : un peu de submatité au sommet du poumon gauche, rien d'appréciable à droite.

A l'auscultation : dans les deux poumons mais surtout à droite, râle muqueux fin, disséminé. Au sommet gauche, diminution du son respiratoire et un peu de rudesse à l'expiration.

Huit jours plus tard, une partie des signes ont disparu ; la toux a diminué, les sueurs ont cessé ; l'appétit est réveillé.

Au moment du départ, l'état est devenu très satisfaisant. L'appétit et le sommeil sont parfaits.

La malade a commencé à engraisser et peut faire de longues courses à pied ; elle ne tousse que rarement et ne crache plus. Le poumon droit est revenu à son état normal ; mais les signes stéthoscopiques persistent au sommet du poumon gauche.

IIme OBSERVATION.

Mlle P., 14 ans. Tempérament lymphatique. Non réglée. Mère morte en couches. Père bien portant.

Malade depuis sept ans, disent ses parents : neuf fluxions de poitrine avec expectoration sanguinolente. A son arrivée à Royat, faciès blème et bouffi ; yeux cernés. Epaules hautes, rondes. Pouls à 100 sans chaleur à la peau. Crises de dyspnée.

Un peu de toux par quintes. Expectoration presque nulle. Sueurs abondantes.

A l'auscultation, on entend dans toute la poitrine des râles sibilans et dans les fosses sous-épineuses des râles muqueux fins. Respiration rude et sèche aux sommets.

Percussion normale : pas d'emphysème.

Un mois de traitement. Le pouls tombe à 85 ; les poumons se dégagent ; la respiration est normale sauf un peu de rudesse à l'expiration ; l'appétit et le sommeil reviennent, la course est possible sans essoufflement ; la rotondité des épaules disparaît et la taille se redresse.

Nous avons su depuis que notre jeune malade était guérie et mariée.

Nous avons revu notre malade cinq ans plus tard : elle est toujours grosse et grasse, mais elle est atteinte d'emphysème au sommet des deux poumons et éprouve de temps à autre des crises d'asthme nerveux, parfaitement caractérisées. Dans les moments de repos, elle est parfaitement bien, sans toux ni expectoration.

Réflexions. — Dans les deux observations qui précédent, il nous est impossible de trouver aucune trace d'état constitutionnel. La première de nos malades, d'une bonne santé habituelle, ayant ses parents bien portants, n'est atteinte de sa bronchite chronique, que parce que celle-ci survient au cours d'une convalescence difficile, alors que le corps était affaibli, que toute force de résistance défaillait. C'est à l'existence de cet état défavorable que nous devons devoir aussitôt tous les symptômes s'aggraver. Toux, expectoration, sueurs nocturnes, submatité au poumon gauche, amaigrissement général, constituaient un ensemble de symptômes qui nous firent penser immédiatement à la tuberculose commençante, et c'était, du reste, aussi l'opinion de son médecin ordinaire. Heureusement il n'en était rien.

Il n'y avait là qu'un engorgement passif des poumons, dû uniquement à l'absence de force de réaction. Aussi, dès que, grâce au traitement, les forces reviennent, que l'appétit est réveillé, nous voyons aussitôt les symptômes alarmants diminuer et la maladie rétrograder et disparaître peu à peu, car nous avons appris la guérison définitive de notre malade.

Dans notre seconde observation le cas est moins grave. Nous trouvons une enfant molle, lymphatique, sans diathèse appréciable, qui contracte une première pneumonie et qui, depuis cette époque, n'a cessé de tousser. Quant aux autres pneumonies signalées, nous penchons à croire que c'étaient simplement des retours à l'état aigu d'une bronchite chronique avec phénomènes congestifs.

Là encore nous retrouvons les mêmes causes que précédemment; une constitution délicate, un enfant lymphatique; une première bronchite guérit incomplétement, il reste de la toux, un point d'irritation, et des retours à l'état aigu s'ensuivent.

Que faire dans cette circonstance? Reconstituer, tonifier, faire agir la force de résistance vitale; c'est ce que nous avons fait, et nous voyons que le résultat a été de mettre fin à cette toux incessante.

Quant à l'emphysème et à l'asthme que nous avons pu constater cinq ans plus tard; ils sont la conséquence de l'état que nous avons signalé plus haut et des nombreuses bronchites aiguës que la malade a eues depuis. Les poumons ont été peu à peu fatigués par la toux incessante, et il en est résulté à la longue une dilatation de ses cellules.

Dans ces deux observations, nous n'avons eu affaire

qu'à des bronchites avec atonie : la chronicité du mal ne peut être attribuée qu'à la débilité générale du malade.

Dans les observations suivantes nous allons voir l'état diathésique jouer un rôle plus ou moins prépondérant.

2me CLASSE. — *Bronchites liées à une diathèse artrhitique.*

IIIe OBSERVATION.

Mr G., 55 ans, grand et maigre, paraissant presque un vieillard.

A toujours eu une grande prédisposition aux rhumes. Plusieurs pneumonies. Atteint très-fréquemment de douleurs rhumatismales vives. Sujet, au printemps et à l'automne, à de fortes poussées eczémateuses qui ont disparu au moment de son arrivée à Royat et dont il ne nous parle pas. Il lui reste seulement un très-petit placard à la lèvre supérieure au dessous du nez.

Au moment de l'arrivée à Royat, M. G. est atteint d'un catarrhe pulmonaire datant de sept mois, qui résiste à tout traitement. Nous lui trouvons une toux sèche, sifflante, anxieuse, ne se terminant que par l'expulsion de quelques crachats blanchâtres, spumeux. Pouls fréquent, sans chaleur. Manque de sommeil et d'appétit. Poitrine étroite et bombée. Forte dyspnée. A la percussion, sonoréité normale, exagérée, en haut des deux poumons, diminuant vers le bas, signe d'un emphysème généralisé. A l'auscultation, respiration forte, bruyante ; expiration prolongée, râles sibilans, mélangés par moments de râles muqueux.

Au bout de peu de jours, l'emploi de la salle d'aspiration fait apparaître sur les avant-bras et diverses parties du corps de nombreuses poussées eczémateuses. La toux diminue et l'expectoration devient plus facile. L'appétit revient.

A son départ, il est survenu un grand calme du côté de la poitrine, les quintes de toux ont perdu de leur fréquence; le poumon gauche est assez dégagé, sauf la rudesse qui persiste au sommet. Le poumon droit est moins bien. La respiration y est obscure mais sans râles. L'eczéma est abondant ; le malade a repris des forces.

IVᵉ OBSERVATION.

Mʳ C., 63 ans. Grand et maigre. Tempérament bilioso-nerveux. Goutteux par hérédité. Venu à Royat pour la première fois en 1866.

Depuis longues années est sujet chaque hiver à des bronchites interminables, revenant par le moindre froid. Petite toux sèche, presque continuelle. Pas d'expectoration ; légère dyspnée, hémorrhoïdes ; pas d'appétit. Percussion normale dans les deux poumons sauf à la partie supérieure et antérieure du poumon droit dans une étendue de huit centimètres de hauteur, où la sonoréité est exagérée. Auscultation normale, excepté au niveau de l'emphysème. Quelques légers râles muqueux éparpillés.

Quitte Royat au bout d'un mois, ne tousse plus du tout ; a repris de l'appétit. Se trouve beaucoup moins susceptible à l'action de l'air. A ressenti quelques légères atteintes goutteuses.

Revenu à Royat en 1867. A passé un excellent hiver ; ne s'est pas enrhumé ; n'a ressenti que fort peu sa goutte.

Quitte Royat au bout de vingt jours en parfaite santé sans avoir ressenti aucun phénomène particulier. C'est un traitement purement préventif.

Revenu une troisième fois en 1868, Mʳ C. a passé l'hiver dernier sans attaque de goutte, et l'eût passé sans rhume s'il n'avait commis une imprudence qu'il reconnaît lui-même. Santé générale parfaite. Très-peu de dyspnée.

Mʳ C. contracte à Royat un nouveau rhume avec fièvre, qui l'empêche de faire un traitement suivi. A son départ, le calme est revenu, mais il tousse encore un peu. Quelques légers ressentiments de goutte. Se porte parfaitement huit mois plus tard.

Vᵉ OBSERVATION.

Mʳ B., 46 ans. Constitution robuste ; teint coloré ; tempérament lymphatique.

Mère vivement tracassée par les rhumatismes. A eu lui-même de nombreuses et fortes attaques de rhumatisme musculaire. Depuis six à sept ans, les rhumatismes ont disparu et fait place à des bronchites réitérées qui l'ont conduit à l'état actuel. L'hiver de 1864-65 a été très-pénible pour le malade qui était atteint d'une dyspnée continuelle.

Venu à Royat en 1865. État général bon ; embonpoint. Toux fréquente ; anhélation ; expectoration muqueuse abondante. Pouls régulier. A la percussion, sonoréité exagérée à la partie supérieure des deux poumons, normale en bas. A l'auscultation, respiration courte et rude des deux côtés. Un peu d'obscurité du bruit respiratoire au niveau de l'emphysème. Quelques râles muqueux et sibilans.

Au départ, toujours un peu de toux et d'expectoration salivaire, mais le poumon fonctionne largement. La respiration a de l'ampleur et moins de rudesse. L'anhélation a disparu, sauf dans les ascensions.

Nous avons su que le malade ne s'était pas enrhumé l'hiver suivant.

Revenu à Royat en 1868. L'hiver de 1865 avait été excellent, celui de 1866 moins bon et le suivant mauvais. Rhumes fréquents, dyspnée prononcée, grande susceptibilité au moindre courant d'air. Expectoration abondante, spumeuse, parfois muqueuse.

Les signes stéthoscopiques sont les mêmes qu'autrefois ; seulement l'emphysème paraît augmenté à droite.

Au départ, l'amélioration est peu sensible ; cependant, il y a un peu plus de calme, moins de toux, moins de dyspnée. Le malade est tracassé par les hémorrhoïdes.

Réflexions. — Nous venons de présenter successivement trois observations de bronchites liées à une diathèse arthritique. Elles présentent, cependant, entre elles une différence que nous croyons devoir signaler, malgré leur similitude apparente. Tandis que dans les IIIme et IVme observations, la bronchite n'est qu'un des symptômes de la diathèse en puissance, dans la Vme elle est la seule manifestation de cette diathèse. Chez le premier de ces malades, la bronchite est accompagnée d'eczéma et de douleurs rhumatismales ; chez le second, des accès de goutte coïncident avec l'affection bronchique ; mais chez le dernier, c'est à la suite de la disparition des douleurs rhumatismales que l'affection des voies pulmonaires est survenue, et c'est par elle seule que se manifeste le principe arthritique.

Cette différence expliquée, il est évident qu'il existe une grande ressemblance entre ces trois malades. Chez tous les trois, ces bronchites ne sont si tenaces. si rebelles que parce qu'elles sont diathésiques. Chez le sieur G. nous trouvons, en outre, une affection cutanée. Il nous avait laissé ignorer l'existence de cet eczéma à répétition dont il était porteur et pourtant c'était là un phénomène de la plus haute importance, car bien évidemment, dans ce cas la bronchite et l'eczéma n'étaient que deux manifestations diverses de la diathèse rhumatismale, et la preuve c'est que l'amélioration de la poitrine a commencé aussitôt que l'influence du traitement a ramené la manifestation cutanée.

Ce balancement entre une dermatose et une affection interne n'est pas un fait exceptionnel. Nous le rencontrons chez un grand nombre de malades, car il est bien rare que les personnes atteintes d'un état diathésique n'aient pas parcouru un cycle plus ou moins étendu de manifestations locales, et il arrive souvent que la toux, en déracinant l'affection présente, ne la guérisse qu'en fesant apparaître une autre affection moins grave.

Dans le cas présent, dès que l'eczéma reparaît, les phénomènes pulmonaires s'amendent ; le malade reprend de l'appétit, du sommeil et des forces.

Dans notre IVe observation, le malade vient à Royat moins pour guérir l'affection présente, que pour perdre sa susceptibilité excessive au froid et prévenir les nombreuses bronchites qui, chaque hiver, le forçaient à vivre confiné chez lui.

Or, une première saison lui fait perdre sa susceptibilité au froid et il peut passer un hiver entier sans bronchite.

Il en eut été de même pour l'hiver suivant, sans une imprudence avouée par le malade lui-même.

Mais, outre cet avantage, déjà considérable par lui-même, le malade a la chance heureuse de voir le principe goutteux amorti par l'usage des eaux, car s'il a été tout d'abord réveillé légèrement par le traitement, il n'est pas arrivé pourtant pendant toute l'année qui a suivi à une attaque franche et complète.

A la suite de la seconde saison, l'amélioration est tout aussi prononcée et il n'y a pas même eu le moindre ressentiment goutteux.

Or, nous admettons qu'il y a la liaison la plus intime entre ces deux faits ; absence de bronchites, atténuation de la goutte. Pour nous, c'est en modifiant la diathèse goutteuse, que les eaux ont fait disparaître les manifestations bronchiques, qui étaient sous sa dépendance.

Chez le sieur B., mêmes phénomènes, même explication. Les phénomènes pulmonaires ne sont autre chose que la manifestation extérieure de la diathèse rhumatismale.

En atténuant la diathèse, le traitement thermal agit directement sur la lésion apparente ; c'est pour cela que le malade éprouve, après chaque saison, une amélioration réelle. S'il ne guérit pas complétement, c'est parce que la diathèse existe toujours, et que si elle est amortie, elle n'est pas éteinte.

Dans les cinq observations de bronchites chroniques que nous venons de présenter, nous voyons déjà s'accuser la double indication curative que nous attribuons aux eaux de Royat. Dans les deux premières, chez des femmes faibles, chétives, profondément affaiblies, mais sans diathèse appréciable, nous croyons que c'est uniquement à l'action fortifiante et reconstituante de nos eaux que l'on doit attribuer les résultats favorables obtenus. Dans les trois dernières qui ont pour sujet, deux au moins, des hommes robustes, ce n'est plus seulement à l'action tonique, c'est à l'action modificatrice que nous croyons devoir attribuer le rôle principal.

C'est en atténuant la diathèse, que les eaux ont agi sur les bronchites qui n'en étaient qu'un épiphénomène.

Asthme humide ; Asthme essentiel.

L'asthme humide est une des formes de la bronchite chronique. Ce n'est, selon nous, qu'une bronchite chronique à laquelle vient se joindre un élément nerveux. Nous croyons pourtant que cette complication n'est pas très fréquente. Rien de plus commun que d'entendre les vieux catarrheux déclarer qu'ils sont asthmatiques ; mais c'est un erreur de leur part. La plupart d'entre eux sont simple emphysémateux, et ils confondent la dyspnée par emphysème, lésion purement mécanique des vésicules pulmonaires avec les troubles nerveux proprement dits.

Mais il est des cas où il y a bien réellement réunion d'un état nerveux avec un état catarrhal. On trouve en dehors de la dyspnée ordinaire due à la distension et à l'atonie des vésicules du poumon, de véritables crises d'orthopnée qui ne peuvent être rapportées qu'à la coexistence d'une névrose bronchique.

C'est pour ces cas que nous croyons devoir réserver l'expression *d'asthme humide* que M. le professeur G. Sée nous paraît avoir désigné sous le nom *d'asthme catarrhal*. Renfermé dans ces limites, l'asthme humide n'est plus une maladie très commune ; mais il n'est guère d'années où nous ne puissions en voir quelque cas. Nous allons en rapporter un qui complétera ce que nous venons de dire sur cette affection.

VIme OBSERVATION.

M. B., 47 ans. Constitution robuste. Tempérament lymphatico-sanguin.

Atteint à diverses époques de crises rhumatismales aujourd'hui complétement disparues.

Depuis quinze ans, cet homme a eu de très nombreuses bronchites qui ont guéri avec peine. Depuis plusieurs années, ces rhumes sont accompagnés d'une dyspnée assez forte, revenant principalement la nuit, et qui occasionne alors un sifflemment trachéal des plus prononcés. Expectoration salivaire, aérée, quelques crachats muqueux.

Depuis le dernier hiver, œdème des extrémités inférieures qui dure encore. Toux sèche revenant par quintes. Pouls fréquent sans chaleur. Cœur normal. Embonpoint. Forces conservées, bon appétit. En somme, toutes les fonctions se font bien sauf celles des voies respiratoires.

A la percussion : sonoréité exagérée à la partie antérieure et supérieure des deux poumons, normale par ailleurs. A l'auscultation, la respiration offre une certaine sécheresse dans toute l'étendue des deux poumons, plus prononcée à la partie supérieure. Râles sonores prononcés, râles muqueux rares et peu fréquents.

A la fin de son traitement, le malade se trouve beaucoup amélioré. L'œdème a promptement disparu, à la suite de fortes transpirations. La respiration se fait mieux, les râles ont disparu, les poumons fonctionnent assez largement, mais la rudesse de la respiration persiste ainsi que la dyspnée; quant aux crises d'orthopnée, elles reviennent encore, un peu moins fréquentes, et surtout moins fortes ; elles permettent au malade de rester couché.

Nota. — Il est bien évident qu'il y avait chez cet homme une bronchite chronique compliquée d'emphysème. Cet état était la conséquence des nombreux rhumes éprouvés depuis quinze ans ; mais il ne suffisait pas pour justifier la dyspnée nocturne et le sifflement trachéal poussé au point d'empêcher le malade de reposer dans son lit.

On doit donc reconnaître qu'il existait chez ce malade une complication nerveuse qui occasionnait les crises nocturnes, en dehors des phénomènes dyspnéïques consécutifs à l'emphysème, et en dehors de l'élément catarrhal peu prononcé à ce moment-là.

Cet élément nerveux était un asthme, non pas l'asthme essentiel vrai avec tous ses phénomènes caractéristiques, mais un asthme modifié par l'introduction de l'élément catarrhal. C'était un asthme catarrhal ou asthme humide, quelque nom qu'on veuille lui donner.

Cette affection complexe n'est pour nous dans ce cas qu'une forme de la diathèse rhumatismale dont les manifestations ordinaires ont disparu et qui s'est jetée sur les organes respiratoires.

Quant à l'*asthme essentiel*, sans complications d'autres lésions des voies respiratoires, nous n'en avons jamais vu d'exemples à Royat. C'est vers d'autres stations thermales que ces malades dirigent leurs pas.

Quoique cette affection soit au premier chef une affection diathésique et que, comme telle, elle soit du nombre de celles auxquelles les eaux minérales semblent plus spécialement applicables, nous croyons pourtant qu'il y a peu de chances de guérison à espérer. L'asthme vrai, sans complications, nous paraît être une maladie contre laquelle il n'y a à employer que des moyens paliatifs.

Affections laryngées ; Laryngite chronique ;
Angine granuleuse.

La laryngite chronique simple est une affection commune. Certains individus ont une susceptibilité toute particulière du larynx, et le moindre froid, un peu d'humidité aux pieds, le passage trop brusque d'un appartement chaud à l'air extérieur, suffit chez eux pour entraîner une crise de laryngite.

Quand ces attaques se renouvellent très souvent, elles finissent par s'accompagner d'un enrouement qui cède tout d'abord avec la plus grande facilité, mais qui, en se renouvelant fréquemment, arrive à laisser après lui une sorte d'épine inflammatoire qui ne passe plus. A chaque laryngite nouvelle, l'enrouement augmente d'un degré, si je puis m'exprimer ainsi, il devient plus fort et en même temps plus tenace. La maladie passe à l'état chronique et entraîne après elle des accidents qui peuvent être sérieux. La toux en est le phénomène concomitant le plus ordinaire : en partie occasionnée par l'espèce de picotement, de châtouillement que le malade ressent au larynx et dans la trachée, elle est parfois un phénomène purement instinctif de la part du malade qui tousse sans y faire attention pour essayer de faire disparaître l'espèce de voile qui couvre sa voix.

Cette laryngite, uniquement dûe dans le principe à

une hyperhémie de la muqueuse laryngienne, n'offre
au début aucun danger. C'est plutôt une gêne qu'une
maladie véritable ; mais sa persistance peut devenir
grave ; la toux incessante qui l'accompagne retentit sur
la poitrine et peut fatiguer les poumons. Pour peu que
la constitution du malade s'y prête, des tubercules peuvent naître, et la laryngite, simple au début, peut dégénérer en phthisie laryngée.

Dans des cas extrêmement nombreux, la laryngite
débute tout d'abord par la chronicité. Ces faits se présentent chez les individus qui, par état, sont tenus à
parler haut et longtemps. Les avocats, les chanteurs, les
prédicateurs, constituent cette catégorie de malades.
Pour eux, la maladie consiste uniquement dans l'enrouement qui modifie le timbre vocal, et peut devenir assez
fort pour les obliger à interrompre l'exercice de leur
profession. A ce degré, il est évident que la laryngite
chronique constitue une affection sérieuse qui entrave la
carrière des malades, et dont ils veulent être débarrassés à tout prix.

Il est bien entendu que nous ne voulons parler que de
la laryngite produite par l'hyperémie de la muqueuse, et
qu'il n'entre nullement dans notre idée de nous occuper
de l'enrouement par paralysie des nerfs laryngés. Dans
le premier cas, la laryngite et l'enrouement qui l'acom-
pagne constituent la maladie toute entière ; dans le second, ce ne sont que des épiphénomènes d'une maladie
beaucoup plus grave.

Il est une autre affection qui occasionne aussi et la
toux et l'enrouement, et qui est du ressort du traitement
thermal. A ce titre nous devons en parler.

C'est l'*angine granuleuse* ou *glanduleuse*, affection

excessivement commune, dont nous avons pu constater
l'existence à un degré plus ou moins léger chez un très
grand nombre de personnes. Cette très légère maladie
qui, chez la plupart des personnes atteintes, ne constitue
même pas une indisposition, peut parfois devenir sérieuse.

C'est à M. Guéneau de Mussy que nous devons le travail le plus complet sur ce sujet.

Chez les individus le plus légèrement pris, on voit sur
les piliers du voile du palais et sur la luette une teinte
violacée, recouverte de petites granulations, grosses
comme une tête d'épingle. Chez d'autres, ces granulations s'étendent aussi sur la paroi postérieure du pharynx au-devant de la colonne vertébrale et peuvent,
dans cette localité, atteindre la grosseur d'une lentille.

Quand la maladie est légère, le seul inconvénient
qu'elle entraîne c'est de donner au malade une disposition à avoir la voix voilée dès qu'il a parlé ou lu haut
pendant quelques instants, et de le solliciter à pousser
un *hem* qui a pour effet de le dégager momentanément.
Mais, dans d'autres circonstances, la maladie acquiert un
degré d'intensité plus grand ; ce sont le voile du palais,
les piliers, la luette, la paroi du pharynx, les cordes
vocales et même la partie supérieure de la trachée artère qui peuvent être envahies.

Il y a alors un développement anormal de tout l'appareil glanduleux pharyngo-laryngé.

On comprend que, rarement la maladie occupe à la
fois une pareille étendue, et qu'elle présente alors un
degré de gravité réel par les phénomènes concomitants
qu'elle entraîne.

Comme pour la laryngite simple, ce sont les gens qui

font un usage fréquent de la parole qui en sont principalement atteints ; avocats, professeurs, chanteurs, ec-
clésiastiques, etc. Ces derniers même y sont si particulièrement sujets, qu'en Amérique, cette affection est
parfois désignée sous le nom de *mal de gorge des ec-
clésiastiques* (Green). Aussi les voit-on en grand nombre
venir aux eaux thermales pour y chercher remède à
leur mal.

M. Chomel, qui, le premier, en France, s'est occupé
spécialement de cette maladie, la rattachait à un état
diathésique, au vice herpétique. M. Guéneau de Mussy,
dans son traité si clair et si complet sur la matière, se
rallie aux idées de son maître, et fournit, à l'appui de son
opinion, une statistique qui paraît en effet assez précise.
Sur quarante-cinq malades atteints d'angines granuleuses, deux seulement lui ont paru soustraits à une influence diathésique ; quarante-trois avaient été, soit
avant, soit concurremment, atteints d'affections cutanées
ou autres manifestations du principe dartreux. Ce fait
a porté ce praticien à regarder l'angine glanduleuse
comme une éruption dartreuse sur le tégument interne.

Sans contester la relation intime qui unit l'angine
glanduleuse à un principe herpétique, nous dirons cependant que nous l'avons si souvent rencontrée chez des
individus atteints d'autres diathèses, qu'il nous semble
impossible de la regarder toujours comme la manifestation d'un état dartreux. Dans les exemples même, cités
par M. Guéneau de Mussy, on en voit qui sont survenus
chez des individus atteints profondément de rhumatismes.

Aussi cet auteur dit-il, dans un passage de son livre :
« Les douleurs rhumatismales sont très-communes chez

» les dartreux.......... On peut se demander si certaines
» arthrites ne se développent pas sous l'influence de la
» diathèse herpétique. »

Nous avons de la peine à admettre que les arthrites se manifestent sous l'influence de la diathèse herpétique, mais nous admettons très-bien que deux diathèses peuvent se trouver réunies sur le même sujet, et donner lieu à des manifestations multiples appartenant à l'une et à l'autre.

Nous croyons que l'angine granuleuse peut être une manifestation de toutes les diathèses et que l'arthritis qui occasionne tant de manifestations morbides sur le tégument externe, peut bien en produire aussi sur le tégument interne.

Nous ajouterons, du reste, que, si l'enrouement dû à une laryngite chronique peut se modifier assez facilement par l'emploi des eaux, la laryngite folliculeuse ou angine granuleuse est infiniment plus rebelle au traitement.

Néanmoins, cette affection, quand elle est arrivée à un certain degré, entraîne avec elle de tels désagréments, qu'il est naturel de chercher à s'en débarrasser, dût-on n'arriver qu'à une simple amélioration.

Nous allons maintenant rapporter quelques observations indiquant l'influence du traitement thermal sur ces diverses altérations du larynx.

VIIᵉ OBSERVATION.

Mᵐᵉ V., 29 ans Bonne constitution. Tempérament lymphatique. Fille d'un père rhumatisant et sujette elle-même à des douleurs dans les membres.

Atteinte de chloro-anémie, suite de pertes utérines ; dyspepsie, vomissements, migraines, envies de pleurer ; enfin tout le cycle d'un état névropathique généralisé.

Se trouve grandement améliorée par une première saison à Royat, surtout pour les troubles nerveux.

Revenue l'année suivante pour consolider l'amélioration obtenue précédemment et pour combattre de nouveaux phénomènes. Depuis l'année dernière les troubles nerveux n'ont pas reparu, mais la chloro-anémie persiste. Elle a contracté, pendant l'hiver, des douleurs rhumatismales fixes dans une épaule, plus une laryngite aigüe passée aujourd'hui à l'état chronique.

Sensibilité au larynx, picotements, chatouillement qui s'étend jusque dans la trachée artère. Toux sèche et fréquente ; enrouement. Règles pâles et leucorrhée. Un peu d'œdème des malléoles.

Au bout de dix jours de traitement il y a un mieux sensible.

Au bout d'un mois, la malade quitte Royat ; la toux, le chatouillement, l'enrouement ont disparu, la laryngite est guérie. Les forces ont augmenté ; la douleur rhumatismale a diminué, mais il y a toujours un peu d'œdème des jambes.

Nous négligerons les phénomènes généraux présentés par cette malade pour ne nous occuper que de la laryngite.

Il est fort probable que le passage de la maladie de l'état aigu à l'état chronique, chez une personne incapable de négliger les moindres soins, doit être attribué à l'état d'atonie dans lequel se trouvait cette dame par suite de la chloro-anémie.

Soumise à un traitement composé de grands bains, de salle d'inhalation et de douches pulvérisées dans la gorge, nous voyons immédiatement un mieux réel se déclarer et la guérison s'opérer en un mois.

Que ce résultat soit attribué à l'action excitante des eaux, ou que ce succès soit dû à un double mode d'action, comme nous l'admettons, action générale, tonique et reconstituante, action locale résolutive, le fait importe peu.

Le fait reel, c'est que l'influence favorable du traitement thermal, a été immédiate et hors de contestation, et que Mme V. a été complétement guérie de sa laryngite.

Nous aurons occasion de revenir plus tard sur le mode d'action des inhalations de vapeur d'eau minérale.

VIIIe OBSERVATION.

M. S., 51 ans. Tracassé par des rhumatismes fréquents et tenaces.

Se trouve atteint depuis trois ans d'une affection granuleuse des plus intenses, qui s'étend sur le pharynx, le larynx et la paroi postérieure des fosses nasales. Sensation pénible de châtouillement et d'irritation dans toutes les parties malades. Voix fortement enrouée, toux légère et peu fréquente.

Le voile du palais, la luette, les amygdales, toute l'arrièregorge, ont une teinte violacée, livide et sont parsemées de granulations de la grosseur d'une forte tête d'épingle, qui paraissent atteindre l'intérieur de la glotte et la paroi postérieure des fosses nasales.

Nous soumettons notre malade au même traitement que le précédent et nous étions arrivé à une amélioration marquée, quand une bronchite intercurrente est venue ramener les choses à leur état primitif. Le traitement repris ensuite a encore amené une certaine amélioration, mais sans modifier l'apparence de l'état local.

Nous pourrions multiplier les exemples de laryngite granuleuse, car les cas en sont très communs. Mais ils ne nous apprendraient rien de plus que le précédent. Le traitement thermal vient assez facilement à bout de l'enrouement, de la douleur du larynx, de la toux qui en résulte, mais nous ne nous sommes jamais aperçu qu'il ait modifié quelque chose dans l'état local. Les malades

quittent les eaux améliorés, et ils jouissent pendant
quelque temps du bénéfice de cette amélioration, mais
peu à peu les choses reprennent leur ancienne position.
Il n'y a d'amélioration durable que pour ceux qui con-
sentent à continuer, dans l'intervalle des saisons thermales, un traitement spécial. N'oublions pas que l'angine
granuleuse est une affection d'une ténacité désolante,
que lorsqu'elle n'est pas très forte, elle ne constitue qu'une
très petite gêne, et l'on comprendra pourquoi si peu de
gens arrivent à s'en débarrasser. Nous en avons connu,
cependant, qui, en persévérant dans l'emploi simultané
des eaux thermales, de la pulvérisation et des cautérisations, sont parvenus à obtenir une guérison radicale.

Dans le cas présent, il est évident pour nous que l'angine granuleuse était une manifestation de la diathèse
rhumatismale, et qu'à ce titre elle devait être améliorée
par l'emploi des eaux de Royat. Nous bornerons là
les observations ayant trait au traitement des affections
du larynx par nos eaux. Un fait ressort de ces exemples ; c'est que les laryngites chroniques simples sont
bien plus favorablement influencées par le traitement
que celles qui s'accompagnent de granulations. La cause
de cette différence est, selon nous, dans ce fait que l'angine granuleuse est une affection diathésique, et qu'elle
retient de ce caractère un cachet de fixité que n'offre
pas la laryngite chronique simple, affection généralement accidentelle, et qui, n'ayant pas de racines dans
l'économie, cède avec facilité aux moyens curatifs rationnellement employés.

Phthisie pulmonaire.

La curabilité ou la non curabilité de la phthisie est
une question bien loin d'être résolue aujourd'hui.

Il n'est guère de médecin qui, dans le cours de sa carrière, n'ait eu l'occasion de voir des cas de tuberculisation pulmonaire, même très avancée, s'enrayer et guérir. Mais c'est à la nature que de pareils succès doivent être rapportés et la thérapeutique a toujours eu peu de chose à y prétendre.

Cependant, en parcourant les relevés statistiques des eaux minérales, on y voit figurer des guérisons de phthisie en assez grand nombre, et il est peu de stations thermales qui ne réclament le privilège de guérir la phthisie commençante.

Nous-même, au début de notre pratique à Royat, nous avons cru pouvoir revendiquer des faits pareils, mais une plus grande expérience est venue peu à peu modifier nos appréciations et nous forcer à apporter quelques restrictions dans nos espérances.

Ce n'est pas que nous repoussions entièrement la possibilité de guérison de la phthisie. Puisque des tuberculeux peuvent guérir spontanément, il est rationnel d'admettre qu'un traitement sagement dirigé peut favoriser le travail curatif de la nature ; mais nous regardons ces faits comme plus rares qu'on ne semble le dire, et nous croyons que si l'on voit aujourd'hui tant de phthisiques guéris, c'est que beaucoup d'entre eux n'étaient pas phthisiques.

Expliquons-nous à ce sujet. Deux choses sont à considérer dans la phthisie : le tubercule proprement dit et la congestion périphérique survenue sous l'influence de cette néoplasie.

Le tubercule, production hétéromorphe qui se développe sous l'influence de causes que nous aurons à apprécier plus loin, constitue au sein du tissu pulmonaire un véritable corps étranger qui, par sa présence, entretient dans les tissus sains qui l'environnent un état d'irritation. Le résultat de ceci est la formation autour de chaque granulation d'une zône de tissus congestionnés, zône d'autant plus étendue que les granulations tuberculeuses sont plus multipliées.

Or, quand celles-ci sont en nombre suffisant pour envahir une notable portion du sommet des poumons, il arrive que ceux-ci perdent leur élasticité et leur sonoreité naturelles, et que dès lors on rencontre les signes stéthoscopiques que nous sommes habitués à regarder comme pathognomoniques de la phthisie.

Mais il peut très bien arriver aussi que la congestion pulmonaire se forme d'emblée sans accompagnement du tubercule, et rien ne permet de distinguer cette congestion simple de la congestion tuberculeuse dont nous avons parlé plus haut.

Rien au début ne les différencie, ni les causes productrices, ni les signes stéthoscopiques, ni même les troubles généraux dans la santé du malade. Quels sont, en effet, disions-nous dans un travail antérieur, les signes de la tuberculisation pulmonaire au premier degré ? De la submatité à la percussion, une respiration faible, une expiration rude et prolongée. Or, il n'est pas nécessaire qu'il y ait apparition de tubercules pour cela, et l'induration simple du parenchyme pulmonaire, en comprimant les ramifications bronchiques, et diminuant leur calibre, suffit pour produire les phénomènes ci-dessus.

Depuis cette époque nous avons retrouvé la confirmation de nos idées, dans un mémoire publié par M. Woillez, dans les archives de médecine, sur la *congestion pulmonaire*.

Précédemment, en 1863, M. le Dr Bonchut, avait fait quelques leçons sur ce sujet, et nous ne résistons pas au désir de lui emprunter quelques phrases.

« Les phthisies tuberculeuses au premier degré que
» l'on guérit, dit-il, ne sont pas des phthisies tubercu-
» leuses, mais un état qui leur ressemble par certains
» signes physiques. Ce ne sont pas des tubercules ou de
» l'infiltration tuberculeuse qu'on guérit par un voya-
» ge........ Pour moi, cet autre état morbide, c'est la
» congestion pulmonaire chronique. »

Sans adopter entièrement les idées de M. Bonchut qui nous paraissent un peu trop absolues, nous croyons, cependant, avec lui, que dans beaucoup de cas les malades envoyés aux eaux pour phthisie, ne sont atteints que de congestion pulmonaire chronique, et que ce sont eux qui fournissent en grand nombre de ces cas de guérisons remarquables que nous voyons rapportés à l'actif des eaux minérales.

Loin de nous, pourtant, la pensée qu'on doive s'abstenir d'envoyer aux eaux les personnes phthisiques ou réputées telles. Quand les malades ne présentent que les signes physiques du premier degré, il est au contraire rationnel de les diriger sur les stations thermales.

S'il n'y a qu'une simple induration pulmonaire, on obtiendra le plus souvent la résolution du mal et la guérison. Si l'on se trouve en présence d'un engorgement tuberculeux, le traitement peut aussi avoir une efficacité suffisante pour justifier le déplacement imposé aux malades.

Il est évident que le traitement thermal n'aura aucune action sur le tubercule en lui-même, mais il peut agir sur l'engorgement périphérique. Sous son influence, les tissus congestionnés peuvent revenir à l'état sain, et acquérir une force de résistance qui les empêche de subir l'action désorganisatrice de la tuberculisation.Celle-ci peut alors être immobilisée, et laisser au malade un état de santé relatif.

Enfin, dans des cas moins heureux, le traitement thermal peut encore avoir pour effet de retarder la fonte purulente, terminaison ordinaire des phthisies non enrayées et prolonger ainsi l'existence des pauvres malades.

Nous allons maintenant rapporter ici un exemple de ces cas douteux qui sont sur les limites de la phthisie et de la congestion pulmonaire, et qui peuvent s'interprêter, soit dans un sens, soit dans un autre, selon les idées des praticiens et leur opinion sur la curabilité du tubercule.

IXe OBSERVATION.

Mme X., 27 ans. Grande, mince, nerveuse. Tempérament lymphatique. Constitution délicate.

Née de parents parfaitement sains du côté des voies respiratoires.

A perdu un frère de phthisie pulmonaire et en a un autre atteint de la même affection. A eu une jeunesse délicate et a donné de grandes inquiétudes pour la poitrine.

Mariée depuis trois ans, quand elle vient pour la première fois à Royat. Depuis la même époque est atteinte d'un état congestif du sommet du poumon droit qui a cédé en partie à un traitement énergique.

Pendant l'hiver qui précède, Mme X a eu quelques crachats sanguinolents.

A son arrivée à Royat, Mme X a toutes les apparences de la santé, tousse peu, ne crache pas, et se refuse à tout traitement.

A la percussion, on trouve une résonnance normale à gauche, à droite de la submatité sous la clavicule.

A l'auscultation, respiration à peu près normale à gauche, sauf pourtant un peu de rudesse à l'expiration. A droite, la respiration est moins pure, moins forte, l'expiration est rude et prolongée : aucuns râles. Santé parfaite par ailleurs.

Se borne pour tout traitement à quelques bains et à l'eau en boisson.

Part au bout de vingt-cinq jours sans modification appréciable dans l'état local.

Revenue deux ans après, Mme X a eu, pendant l'hiver dernier, une hémoptysie de force moyenne. Depuis cette époque elle a gardé une petite toux sèche mais peu fréquente, sans expectoration. Rien par ailleurs. Cependant l'apparition de l'hémoptysie la décide à se soigner régulièrement.

A l'auscultation, nous trouvons : à gauche, une expiration un peu prolongée et sèche en avant ; rien en arrière. A droite, l'expiration est rude et longue en avant et en arrière. Dans la fosse sous-épineuse, il y a diminution du murmure vésiculaire.

Au bout de vingt-deux jours de traitement, Mme X quitte Royat ; elle a pris un peu d'embonpoint. La respiration est redevenue normale à gauche ; mais les signes du poumon droit ne se sont pas modifiés.

Revenue pour la troisième fois, l'année suivante. Mme X s'est admirablement portée pendant l'hiver dernier. Elle a beaucoup engraissé ; elle s'est enrhumée plusieurs fois, mais les rhumes ont guéri très facilement. Toujours, de temps à autre, un peu d'expectoration sanguinolente.

A l'auscultation, on trouve le côté gauche entièrement dégagé. A droite l'expiration a toujours une certaine rudesse.

Suit un traitement régulier. A son départ, le son s'est un peu modifié à droite, et il n'y a plus que dans la fosse sous-épineuse qu'on entende une certaine rudesse, mais il n'y a plus aucune obscurité. En avant l'expiration est plus douce et plus moelleuse qu'elle n'avait jamais été. Il y a évidemment rétrocession et presque complète guérison de la maladie.

RÉFEXION. — Nous nous sommes longuement étendu

sur cette observation parce qu'elle nous a paru offrir un très grand intérêt.

La jeune femme dont il est question a un frère atteint de phthisie, et un déjà mort de cette maladie ; elle-même a donné de sérieuses inquiétudes pour ·sa poitrine. Nous trouvons réunis chez elle tous les signes pathognomoniques de la tuberculisation commençante. Submatité à la percussion, respiration un peu obscure, expiration rude et prolongée, hémoptysies répétées. En présence de pareils symptômes, accompagnés surtout de l'existence de la tuberculose dans la famille, qui n'aurait porté le diagnostic le plus fâcheux ?

Aurait-on eu tort ou raison ? c'est là une question peut-être un peu difficile à résoudre. Pour notre part, nous l'avouons, nous croyons qu'on aurait eu tort, et nous nous rangeons du côté de ceux qui ne veulent voir dans ce cas qu'une simple congestion pulmonaire chronique.

Qu'on remarque que cette jeune femme n'a jamais eu d'expectoration, jamais de fièvre, qu'elle n'a jamais perdu ni son appétit, ni ses couleurs, quoique les hémoptysies aient continué pendant deux ou trois ans.

Dans le cas d'une tuberculose, la répétition des hémoptysies annonçant le progrès constant de l'altération pulmonaire nous aurions dû voir les symptômes se préciser et l'état général se dégrader.

Or, cette dame n'a rien changé à son genre de vie, ni jamais suivi aucun traitement, et malgré cela, nous voyons que son état, loin de s'aggraver s'améliore aussitôt qu'elle consent à se soigner régulièrement.

Ne doit-on pas conclure que chez elle il n'y avait pas une altération organique marquée, et que la maladie était moins profonde qu'elle ne le paraissait.

Remarquons aussi que le poumon gauche, le moins atteint des deux, ne présente plus, la dernière année, aucune lésion appréciable. Or, ce fait qui s'explique fort bien par la congestion, ne saurait se concilier avec la présence de tubercules.

A ce sujet qu'on nous permette de rappeler l'attention sur notre première observation. Là encore nous avons affaire à une jeune malade qui, à la suite d'une fièvre typhoïde est atteinte d'une bronchite avec engorgement pulmonaire. Dans ce cas nous avons aussi les signes caractéristiques d'une phthisie au début, moins les hémoptysies. Mais de plus, les symptômes généraux, à l'opposé du cas présent, étaient des plus fàcheux, et pouvaient faire craindre une terminaison promptement mortelle. Cependant, dix jours à peine après le début du traitement, l'amélioration était manifeste, et au bout de vingt-neuf jours la malade transformée, reprenait le chemin de Paris en pleine convalescence.

Croit-on que s'il y avait eu une poussée tuberculeuse, nous eussions pu en un mois arrêter la marche du mal, rendre des forces et de l'embonpoint, et amener une guérison radicale.

L'observation qui précède, et l'observation première de ce travail suffisent pour faire comprendre la distinction que nous croyons devoir admettre entre la congestion pulmonaire chronique, et la phthisie pulmonaire au 1er degré. Toutes les deux ayant le même siége, les mêmes signes pathognomoniques, la même marche apparente. Seulement l'uné tendant à la guérison et guérissant plus ou moins vite par l'emploi de moyens rationnels. C'est la phthisie non tuberculeuse, autrement dit la *congestion pulmonaire chronique*. L'autre,

au contraire, tendant fatalement à la désorganisation et
à la mort, et dont il est plus facile de constater l'existence que d'enrayer la marche. C'est la *phthisie pulmonaire tuberculeuse*, la seule à laquelle on doive
conserver le nom de phthisie proprement dite.

Que la congestion pulmonaire finisse dans beaucoup
de cas par entraîner l'apparition du tubercule, c'est ce
que nous sommes disposé à admettre.

Ainsi, dans notre première observation, il est évident
pour nous que nous nous fussions trouvé bientôt en face
d'une tuberculisation pulmonaire. Mais nous sommes
intimément convaincu, que malgré les apparences, la
néoplasie n'existait pas encore au moment où la malade nous est arrivée à Royat. Or, parce que, grâce à
un traitement méthodique, nous avons pu prévenir son
explosion, nous ne pouvons dire que nous l'ayons guérie.

Nous avons jusqu'à présent parlé de la tuberculisation
pulmonaire sans nous préoccuper des causes productrices de cette maladie ; il est nécessaire que nous nous y
arrêtions un peu.

Nous savons aujourd'hui que le tubercule n'est pas
un produit nouveau formé de toutes pièces au sein de
l'économie, mais une simple déviation de l'élément primitif normal, la cellule.

« Le tubercule, dit Virchow, est une néoplasie misé-
» rable au début. »

Selon Rokitanski « Le tubercule est caractérisé par
» un défaut d'aptitude à une organisation supérieure et
» par la tendance à la dégradation avec destruction
» consécutive du tissu. »

Quant aux causes qui peuvent amener ce résultat,
M. Scoutetten les a résumées toutes en quelques mots :

« La tuberculisation, dit-il, est la conséquence d'une
» constitution originairement faible ou accidentellement
» appauvrie. »

Cette définition est parfaitement exacte. De même
qu'un arbre rabougri ne peut produire que des fruits
rachitiques, de même un organisme malingre et chétif,
ne peut former des cellules vigoureuses. Les néoplas-
mes doivent se ressentir de la diminution de la force
vitale. Ainsi donc, parmi les causes de la tuberculisation, nous devons ranger tout ce qui peut affaiblir la
constitution, appauvrir le sang, diminuer les réactions,
que ces causes soient morbides ou antihygiéniques.

Pour Graves, la scrofule ou diathèse scrofuleuse est
au premier rang des causes déprimantes qui préparent
le terrain sur lequel germera le tubercule. Selon lui,
ce serait même la seule et unique cause du mal. « Toutes
» les formes de la phthisie, dit ce savant médecin,
» dépendent de l'inflammation scrofuleuse du poumon. »

Que la scrofule joue un rôle prédominant dans cette
maladie, c'est ce qui ne saurait être contesté. Mais ce
n'est pas une raison pour admettre que les causes productrices commencent par amener la constitution scrofuleuse avant de donner lieu à la genèse du tubercule.

M. Pidoux, que sa position aux Eaux-Bonnes a
conduit à étudier d'une manière spéciale toutes les
questions relatives à la tuberculisation du poumon,
est beaucoup moins exclusif relativement à la genèse
de cette maladie.

Pour lui cette maladie, une dans sa nature et di-
verse dans ses formes, peut devoir son origine à des
causes multiples. Sans parler de la phthisie héréditaire,
et de la phthisie acquise ou accidentelle, la plus grave

de toutes, ce savant médecin admet que le tubercule peut être engendré par la dégénération ou transformation régressive d'autres maladies chroniques, par exemple de l'arthritisme, du cancer, de la scrofule, de l'herpétisme, etc.

Cette théorie de l'honorable inspecteur des Eaux-Bonnes, qui ouvre un champ si large à l'étiologie de la phthisie, est restée jusqu'à présent une opinion propre à son auteur. Aussi ne nous en occuperons-nous pas autrement que pour revenir à l'examen de l'influence que peut avoir l'*arthritisme* comme cause productrice de la tuberculisation des poumons.

Nous n'invoquerons pas sur ce sujet notre expérience personnelle qui est encore trop bornée, mais comme nous avons vu des phthisies scrofuleuses, et même une phthisie qui nous a paru due entièrement à la disparition de lésions herpétiques, il ne répugne nullement à notre raison de croire que les mêmes transformations puissent se produire sous la dépendance de l'arthritis, surtout quand nous voyons ce fait admis par des praticiens très recommandables et en bonne position pour en recueillir des exemples.

Sans parler de Morton, qui a établi la phthisie arthritique parmi les nombreuses espèces qu'il a créées, nous citerons M. Pidoux qui, à cet égard, s'exprime ainsi : « La phthisie arthritique est une des plus intéressantes » à étudier. Elle n'est pas rare chez les riches et l'on » voit des cas nombreux aux Eaux-Bonnes ; on l'observe » rarement dans les hôpitaux. C'est la phthisie la moins » grave qu'on puisse avoir. »

Un médecin dont nous nous plaisons souvent à invoquer la compétence et le talent d'observation, M. Bertrand, ancien inspecteur du Mont-Dore, nous a laissé, au sujet de la question qui nous occupe, quelques documents intéressants. Nous citerons particulièrement l'observation 22me de son ouvrage. Il est difficile de ne pas y voir un cas de phthisie due à une rétrocession du principe arthritique, et qui s'arrête aussitôt que le traitement thermal, en ramenant des douleurs articulaires aux pieds, a défluxionné le poumon.

Notre jeune et regretté confrère, M. Allard, a consacré lui aussi un travail à l'élucidation de cette question en se basant sur les observations qu'il a pu recueillir aux eaux de Royat.

Quoique, à notre avis, plusieurs de ses observations soient susceptibles d'une autre interprétation, nous demandons à lui en emprunter une qui semble démontrer d'une manière assez précise l'existence de la phthisie arthritique et la possibilité de l'améliorer par les eaux.

Voici cette observation que nous abrégeons beaucoup:

Xᵉ OBSERVATION.

M. D., 30 ans, tempérament nerveux, constitution faible. Né de parents rhumatisants.

N'a jamais eu de glandes engorgées. Depuis l'âge de 12 ans, atteint d'un prurit cutané intense.

A l'âge de 13 ans, premières douleurs rhumatismales dans les lombes, les grandes articulations et les pieds : ces douleurs, qui n'ont plus cessé depuis, s'accompagnent parfois de symptômes articulaires inflammatoires ; gastralgies, migraines: Deux hémoptysies, dyspnée intense : toux rare et sèche, crachats visqueux. Maigreur et faiblesse extrêmes. Pas de sueurs nocturnes. A la percussion, matité des fosses sus-épineuses et sous-claviculaire droite ; dans les mêmes points, diminution relative du murmure respiratoire. Craquements secs. Retentissement de la voix.

Sous l'influence du traitement, réveil des douleurs à l'é-
paule droite et douleurs dans le bras gauche.

Au départ, amélioration notable, diminution des symptômes stéthoscopiques.

Seconde saison l'année suivante. Dans l'intervalle, M. D.
a souffert de douleurs rhumatismales dans les épaules, dans
le flanc, et dans la cuisse gauche. Quatre à cinq fois de petits
filets de sang dans les crachats. Du reste mieux manifeste.

A la fin de la seconde saison, l'amélioration a encore continué; la toux et l'expectoration sont presque nulles. Les
symptômes stéthoscopiques sont à peu près les mêmes.

ALLARD.

Cette observation nous paraît assez concluante. Il est
difficile, nous le croyons, de mettre en doute l'existence
d'une phthisie liée à un principe rhumatismal, et qui
s'améliore à mesure que les douleurs deviennent prédo-
minantes.

Tous les signes généraux s'unissent dans ce cas aux
signes locaux pour corroborer l'idée de la phthisie. La
maigreur et la faiblesse sont extrêmes; le malade a la
poitrine étroite et la santé délicate. Il a eu de plus
deux hémoptysies, et nous déclarons attacher une
grande importance à ce symptôme. Si nous l'avons
rencontré plusieurs fois chez les femmes sans qu'il eut
une grande valeur pathognomonique, nous avouons
ne l'avoir jamais vu chez des hommes, sains par ailleurs, sans qu'il fut le signe avant-coureur d'une phthisie en voie de formation.

Quant à la diathèse arthritique elle nous paraît mise
hors de doute par tous les symptômes présentés depuis
dix-huit ans par le malade.

Prurit cutané intense sans dermatose, rhumatismes
longs et multipliés; migraines, gastralgies. Les dou-

leurs disparues, l'affection pulmonaire marche, et s'arrête aussitôt que les manifestations rhumatismales se font de nouveau sentir.

Nous terminerons ce que nous avons à dire au sujet de la phthisie arthritique en rapportant l'observation d'une malade à laquelle nous avons donné nos soins, et qui pourrait être parfaitement regardée comme un cas nouveau de ce genre de phthisie; nous avouons cependant avoir de la peine à croire qu'il y eut chez cette personne des tubercules dans les poumons.

XIe OBSERVATION.

Madame V., 31 ans, petite et replète, tempérament lymphatico-sanguin. Pas d'antécédents de famille connus d'elle.

Depuis dix ans, atteinte de bronchites sans nombre avec quelques hémoptysies légères. L'affection pulmonaire à tour à tour augmenté et diminué, mais sans jamais céder entièrement.

Depuis trois ans, souffre de dyspepsie stomacale caractérisée par des aigreurs, des vomissements sans flatulence. Depuis la même époque, douleurs rhumatismales très vives dans les membres et surtout dans les épaules. Aujourd'hui encore il y a du gonflement au pouce gauche et dans les gaînes tendineuses des extenseurs.

Toux fréquente, expectoration presque nulle. Voix enrouée. Règles régulières mais peu colorées; palpitations, points névralgiques. Appétit conservé. La malade se plaint d'avoir perdu ses forces.

A la percussion, un peu de submatité au sommet des deux poumons. A l'auscultation, nous trouvons dans les mêmes endroits une diminution du bruit respiratoire, une expiration rude et prolongée, surtout à droite. Quelques craquements humides dans la fosse sus-épineuse gauche. Pas de résonnance de la voix.

A la fin de la saison, Mme V. se trouve bien, les forces sont revenues; elle n'a plus ni vomissements, ni aigreurs, ne tousse presque plus, mais sa voix reste voilée. Le poumon gauche s'est grandement dégagé, mais il y a toujours un peu de rudesse à l'expiration. Le poumon droit est moins bien; la rudesse y est plus forte, la respiration plus obscure.

Les douleurs arthritiques ont été fort réveillées par le traitement. La malade souffre surtout du genou et du pied gauches qui sont enflés.

Réflexions. — Les phénomènes que nous observons dans ce cas sont les mêmes que dans la IXe observation. Signes stéthoscopiques, hémoptysies, se retrouvent à peu près de la même façon.

Mais ici nous avons toute une série de symptômes nouveaux. Une chlorose avec névralgies, dyspepsie, palpitations, décoloration du sang, etc. Puis par dessus le tout une diathèse arthritique des plus évidentes.

Il est bien difficile de ne pas admettre un lien de famille entre diverses affections, et nous allons essayer d'expliquer comment nous le comprenons.

Il est évident pour nous que le point de départ — le substratum sur lequel reposent ces affections si diverses — est l'état constitutionnel (héréditaire ou acquis, nous n'avons pu le savoir) qui existait chez cette dame; état constitutionnel prouvé par des rhumatismes nombreux, du gonflement aux mains et aux pieds, lequel se réveille et s'exaspère sous l'influence du traitement, ainsi que cela a lieu si souvent. C'est à la préexistence de cet état constitutionnel que nous croyons devoir attribuer la ténacité des bronchites qui, se greffant les unes sur les autres, ont fini par occasionner l'hyperémie chronique du sommet des deux poumons.

Ces phénomènes morbides se prolongeant pendant des années, ont réagi sur l'organisme entier, et donné lieu au développement d'une chlorose qui est apparue, traînant à sa suite son cortége habituel de troubles nerveux de toutes sortes.

Existait-il, au milieu de l'état congestif évident des poumons, des tubercules crus, dont la tendance à la désorganisation aurait été enrayée par l'apparition de phénomènes d'une autre nature vers les articulations ?

Cette opinion, qui peut être défendue, n'est pourtant pas la nôtre.

Il nous répugne de croire que la malade eût conservé son embonpoint et sa santé relativement bonne en présence d'une phthisie accompagnée de chlorose, de dyspepsie, de douleurs arthritiques. Cette raison nous a porté à regarder cette dame comme atteinte uniquement d'un simple état congestif des sommets des poumons.

Remarquons la disparition des phénomènes fatiguants de la toux et de l'expectoration sous l'influence de la salle d'aspiration. Remarquons aussi l'amélioration de l'estomac, la disparition des vomissements, des aigreurs, le retour des forces.

Cette modification manifeste de l'état général de la malade, nous croyons devoir l'attribuer à l'action des eaux sur l'état diathésique en puissance. Le traitement thermal a eu pour effet, en réveillant la diathèse rhumatismale, de défluxionner les poumons et de porter le principe morbide sur les articulations.

Nous ne nous étendrons pas plus longtemps sur cette question de la curabilité de la phthisie ; nous croyons seulement qu'on ne confond que trop souvent la congestion pulmonaire chronique avec la tuberculisation proprement dite, et que c'est à la première catégorie de malades que sont dûs le plus grand nombre de ces cas de guérison que nous rencontrons tous les jours.

Quant au choix des stations thermales sur lesquelles on doit diriger les affections des voies respiratoires, il nous semble tout naturellement indiqué par la nature de la maladie et l'espèce de la diathèse. C'est selon nous la seule manière de comprendre que les eaux alcalines puissent modifier l'état du poumon tout aussi bien dans certains cas que les eaux sulfureuses.

Ce n'est pas que les unes plus que les autres aient une influence directe sur l'élément tuberculeux. Mais rappelons-nous que le tubercule n'apparaît que dans la période cachectique des maladies chroniques. Qu'il soit né sous l'influence de l'état diathésique, ou qu'il ne fasse que coexister avec celui-ci, le traitement thermal ne peut s'attacher qu'à modifier l'état général et il le fera avec d'autant plus d'efficacité que les eaux seront en rapport plus direct avec le principe morbide qui domine l'économie.

Des diverses stations alcalines où l'on peut soigner la phthisie et les états qui la simulent, Ems, Mont-Dore et Royat nous paraissent jusqu'à présent les seules organisées dans ce but.

Voici ce que dit M. Allard du choix à faire entre ces trois localités, et nous n'avons rien à y ajouter :

« Dans le choix que le médecin aura à faire entre
» elles, il faudra qu'il ait égard à la prédominance de
» chacun des principes médicamenteux. Aura-t-il à
» traiter un malade auquel une action névrosthénique
» énergique pourra être utile, c'est à l'élément arseni-
» cal qu'il devra surtout s'adresser, et le Mont-Dore de-
» vra obtenir la préférence. Quand, au contraire, une

» affection chronique présentera comme élément prin-
» cipal un état chloro-anémique plus ou moins profond,
» dont l'état névropathique n'est souvent qu'une des
» conséquences, c'est Royat qu'il faudra choisir à cause
» de la nature bi-carbonatée et fortement ferrugineuse
» de ses eaux, dans lesquelles l'arsenic et le chlorure de
» sodium ne jouent plus qu'un rôle secondaire . . . . .
» Ems présente comme une sorte d'intermédiaire théra-
» peutique entre Royat et le Mont-Dore. Moins ferru-
» gineuses et moins minéralisées que les sources de
» Royat, les sources de la station allemande offrent
» une composition chlorurée iodique et bi-carbonatée,
» supérieure à celle des sources du Mont-Dore. . . . »

Nous avons jusqu'à présent passé en revue les diverses affections des voies respiratoires que nous avons
eu l'occasion d'observer et de traiter à Royat; mais nous
avons négligé de faire connaître le mode de traitement
employé, et cela avec intention.

Que les malades soient atteints de bronchite, d'asthme
humide, de laryngite, de congestion pulmonaire chronique ou de phthisie tuberculeuse, ou même d'angine
simple ou granuleuse, le traitement est à peu près le
même. La salle d'inhalation, les bains et l'eau en boisson diversement employés, selon l'état du malade et la
nature du mal, en constituent le fond; les autres médications ne sont, pour ainsi dire, que des accessoires.

Nous avons donc jugé convenable de renvoyer à la fin
de ce chapitre les explications que nous croyons devoir
donner à ce sujet, plutôt que de nous exposer à des re-
dites fastidieuses et tout à fait inutiles.

La salle d'inhalation ou d'aspiration constitue un
genre de traitement d'une efficacité incontestable et sur
lequel nous ne saurions trop attirer l'attention.

Le Mont-Dore et Royat possèdent, sous ce rapport, la même installation.

Les malades qui pénètrent dans cette salle y restent, pendant un temps variable et que règle le médecin traitant, dans une atmosphère de vapeur d'eau minérale, portée et maintenue de 25° à 35° selon le gradin où l'on s'assied. La règle est que le malade se place à la hauteur où il respire le plus facilement et où il éprouve une température agréable. Certaines personnes, croyant qu'une abondante transpiration est indispensable, cherchent à gravir aussi haut qu'elles peuvent le supporter. C'est une erreur ; nous pensons, pour notre part, que non-seulement la transpiration n'est pas nécessaire, mais même qu'elle est nuisible ; elle affaiblit le malade sans bénéfice pour le traitement. Le malade doit rechercher la hauteur à laquelle il éprouve un sentiment de bien-être ; cet endroit trouvé, il doit y rester.

M. Durand Fardel, dans son traité des Eaux Minérales, semble faire bon marché de ce genre de médication, et ne veut lui reconnaître d'autre effet que celui que produirait une étuve à la vapeur d'eau ordinaire, les principes fixes restant au fond de la chaudière. Nous repoussons de toutes nos forces pareille interprétation. Notre honorable collègue et ami, M. Lefort, dans ses recherches sur les eaux du Mont-Dore, a démontré que la vapeur contenue dans la salle d'inhalation de cette station thermale, renfermait tous les éléments constitutifs de l'eau minérale. Il en est évidemment de même à Royat.

Il en résulte donc que chaque molécule aspirée par le malade est, dans son petit volume, une eau minérale complète, et qu'elle va déposer sur les organes respiratoires les principes qui y sont renfermés. Or, comme nous avons là une vaste surface d'absorption, une telle médication ne peut être indifférente.

La salle d'aspiration n'est ni une étuve, ni, à proprement parler, un sudatorium comme l'a appelé, à tort selon nous, notre honorable confrère M. Nivet.

Pour être une étuve, la chaleur n'y est pas assez élevée, et la vapeur d'eau qui entoure le malade, et dont la température dépasse de peu la normale de l'air ambiant, diminue singulièrement la tendance à la transpiration. L'idrosyncrasie particulière des individus entre aussi pour beaucoup dans leur manière de ressentir l'impression des vapeurs. Pour les uns, la température est toujours trop élevée, pour les autres, elle est toujours trop basse. C'est pour remédier à ces inconvénients qu'on a établi des gradins qui permettent aux malades de chercher entre 25° et 35° le point qui leur convient.

Quant à l'action directe de cette atmosphère sur la surface des voies respiratoires, il faut, pour l'apprécier sainement, se rendre un compte exact de sa composition.

Nous laisserons de côté, pour le moment, les principes tenus en solution par les molécules aqueuses, tels que les sels, l'arsenic et les matières bitumineuses, pour nous occuper spécialement des éléments principaux, l'acide carbonique et la vapeur d'eau. Les recherches faites par M. Nivet lui ont démontré que l'atmosphère de la salle d'inhalation était constituée par de l'air ordinaire pour la proportion 0,93^c et que les 0,07^c restant étaient remplacés par de la vapeur d'eau et de l'acide carbonique. Or, une pareille modification apportée à l'air respiré doit avoir une action réelle.

L'acide carbonique est un gaz irrespirable, mais quand il est en petite proportion, il perd sa qualité nuisible pour devenir médicamenteux. Les belles recherches de Bichat nous avaient montré que son action stupéfiante ne se montre pas seulement au poumon, mais que, passant dans le sang, il va agir aussi sur le système nerveux. Depuis cette époque, les travaux de MM. Lallemand, Perrin, Duroy, Demarquay et Herpin nous ont parfaitement fixé relativement à l'action des substances carbonées sur l'économie.

Or, l'acide carbonique, qui à forte dose est stupéfiant, devient simplement un calmant quand les proportions sont moindres, et c'est le cas de la salle d'aspiration. Joignons à cela, que dans cette salle la proportion d'oxigène est sensiblement diminuée, et il sera facile de comprendre les effets favorables que l'on obtient de son usage. Diminution du principe excitant par excellence, l'oxigène, augmentation considérable du principe anesthésique et calmant, addition de vapeur chaude et humide qui diminue encore l'action irritante des gaz et donne à l'air inspiré une température égale à celle des conduits dans lesquels il pénètre ; tout se réunit donc pour amener dans les voies respiratoires un état de calme et de détente, véritable repos relatif, essentiellement avantageux pour la guérison des maladies ; car ce qui constitue la gravité des affections de certains organes, comme les poumons et le cœur, par exemple, c'est précisément de ne pouvoir se reposer. Bien portants, mal portants, il faut qu'ils continuent leurs fonctions.

La présence de la vapeur d'eau qui accompagne l'acide carbonique joue aussi un rôle actif dans le mode d'action de notre salle d'aspiration. Cette vapeur humide et chaude est éminemment antiphlogistique, et, comme dans toutes les affections des voies respiratoires il y a un élément de phlogose, il est inconstestable que l'inspiration répétée et prolongée de vapeur aqueuse, doit à la longue agir comme résolutif sur les produits inflammatoires. L'expérience ne manque pas, du reste, à l'appui de cette donnée, et l'on sait que le regretté M. Trousseau a réussi à modifier avantageusement l'état de santé de personnes gravement atteintes de la poitrine en les fesant séjourner pendant des mois entiers dans une atmosphère confinée et saturée de vapeurs aqueuses.

Le calme obtenu par la salle d'inhalation est si grand, le bien-être si réel, que les malades ont toujours une forte tendance à dépasser la durée du séjour qui leur est prescrite, et qu'au bout de peu de jour, il n'est nul besoin de les inciter à faire usage de ce mode de traitement. Les bons effets obtenus ne cessent pas avec la sortie de la salle; ils se prolongent encore quelques heures, probablement jusqu'à ce que la respiration à air libre ait débarrassé le sang de l'excès d'acide carbonique qui y a accumulé le séjour dans le vaporarium.

Nous nous sommes, du reste, rencontré dans notre manière d'apprécier l'influence de l'acide carbonique sur les affections des voies respiratoires, avec un médecin distingué des hôpitaux de Paris, M. Frémy. Ce praticien, fatigué de voir tous les moyens employés sur les nombreux phthisiques de son service, échouer successivement, se décida à leur prescrire des inhalations d'acide carbonique. Par ce moyen il est arrivé, nous disait-il, non pas à les guérir, mais à prolonger leur existence en leur procurant un calme manifeste.

Ce que nous venons de dire sur les inhalations qu'on emploie à Royat, permet de comprendre la manière dont elles agissent dans le traitement des affections des voies respiratoires. Dans les diverses lésions dont nous nous sommes occupé, bronchites, catarrhes, congestions pulmonaires, phthisie, il y a, soit dans les bronches, soit dans le tissu pulmonaire lui-même, un état subinflammatoire très-manifeste qui est le fond même de la maladie.

Pour obtenir la guérison de ces lésions morbides, il faut tout à la fois un traitement général tonique et un traitement local résolutif et calmant. C'est ce dernier effet qui est produit par la salle d'inhalation.

Dans la phthisie pulmonaire elle-même, en dehors du tubercule, placé au-dessus de nos moyens d'action, se trouve un état congestionnel périphérique sur lequel le traitement a une influence directe, et c'est de cette façon que s'explique et se comprend l'utilité du traitement par les eaux, alors même qu'il ne peut guérir.

C'est encore de la même façon que nous expliquons les modifications opérées dans les laryngites chroniques simples ou granuleuses. Seulement, à la salle d'inhalation, nous adjoignons les pulvérisations et douches locales sur les parties malades, et par là nous provoquons une stimulation qui agit comme agent résolutif direct.

Quoi qu'il en soit, l'emploi de la salle d'aspiration ne suffirait pas seul pour amener la guérison des affections pulmonaires, si on n'y adjoignait d'autres prescriptions. C'est ainsi qu'on administre des bains de pied très-chauds, des demi-bains ou même des bains entiers qui, agissant sur les parties inférieures du corps ou sur toute l'enveloppe cutanée, produisent un effet dérivatif et tendent à dégager les organes internes.

Les grands bains et l'eau en boisson ont aussi pour effet de tonifier l'organisme, de réveiller les synergies et de provoquer une augmentation de vitalité générale, nécessaire, chez des sujets ordinairement affaiblis par de longues souffrances. Car nous ne devons pas oublier que c'est en ramenant un certain degré d'accuité dans les maladies chroniques que les eaux contribuent à provoquer consécutivement la résolution. Là où la vitalité fait défaut, tout traitement est impossible.

L'emploi de la salle d'inhalation est donc un moyen de traitement de la plus haute utilité, et les résultats avantageux qu'on en retire, dans l'immense majorité des cas, en font une des médications préférées par les malades. C'est qu'ils en éprouvent un soulagement réel, et si, malheureusement, tous ne guérissent pas, il en est du moins bien peu qui n'en ressentent quelques bons effets.

Mais, précisément parce que les malades en font usage si volontiers, et sont même un peu disposés à en abuser, il est nécessaire que l'emploi de cette médication soit surveillé avec soin. Nous savons qu'en général les personnes qui séjournaient dans la salle d'inhalation, maintenue, autant que possible, à 25°, n'éprouvaient de ce séjour aucune sensation pénible ; mais les constitutions et les tempéraments étant différents, toutes ne s'y comportent pas de même. Quelques femmes délicates et nerveuses ressentent, dans cette atmosphère, une sensation de froid désagréable; il est facile d'y remédier en leur fesant gravir quelques degrés. D'autres, au contraire, trouvent la température trop élevée et se sentent promptement la tête congestionnée. A ces personnes, on fait appliquer sur le front des linges trempés dans l'eau froide, et si ce moyen ne suffit pas, on est quitte pour abréger le temps de séjour dans la salle.

Du reste, une précaution sage et à laquelle se soumettent généralement les personnes raisonnables, consiste à prendre, en sortant de la salle d'aspiration, un bain de pied très chaud, de 10 à 15 minutes. Ce moyen suffit toujours, et nous ne sachons pas que cette médication ait jamais produit rien de fâcheux.

Il est un accident qu'on pourrait à priori redouter à la suite de ce genre de traitement ; c'est l'*hémoptysie*.

Quoique les tuberculeux ne soient à Royat qu'en petit nombre, cependant, il n'est pas d'année où nous ne voyions venir des individus atteints de phthisie ou de congestion pulmonaire chronique, qui ont eu des hémorrhagies dans leurs antécédents. On pourrait donc craindre de voir cette lésion se renouveler sous l'influence du traitement. Ce serait une erreur.

Pour notre part, nous ne l'avons *jamais* observée, et nous ne sachions pas qu'une hémoptysie un peu importante ait eu lieu parmi les autres malades. Sans nul doute, si les tuberculeux y venaient en plus grand nombre, nous serions appelé à voir de temps en temps ce genre d'accident se produire ; mais tel qu'il est, le nombre de nos phthisiques est assez considérable, pour nous permettre d'affirmer que la salle d'inhalation ne prédispose nullement aux hémorrhagies du poumon.

L'eau de Royat s'administre aussi en boisson, et l'on peut la pousser jusqu'à une dose assez élevée. Pour notre part, nous n'avons jamais cru devoir dépasser la dose de quatre à cinq verres par jour. En allant au-delà, nous craindrions des indigestions. C'est surtout quand on a à combattre la diathèse arthritique qu'il faut insister sur ce gendre de médication, car l'eau à l'intérieur agit principalement comme modificatrice de l'état constitutionnel.

Or, quand les maladies chroniques que nous sommes appelés à soigner à Royat, relèvent de ce principe, et ce sont, selon nous, les seules qu'on devrait y envoyer, il est facile de comprendre que le traitement général capable d'atténuer l'activité de la diathèse, doit faciliter l'action des remèdes particuliers mis en usage contre les diverses lésions qui empruntent surtout leur caractère de fixité à la présence de cet état diathésique.

CHAPITRE II.

Affections du système nerveux. — Altérations du sang. — Appauvrissement. — Chloro-anémies. — Etats névropathiques. — Dyspepsies.

Il peut paraître singulier, au premier abord, de réunir dans un même chapitre les affections du système nerveux et l'altération du sang. Cependant, il nous a paru impossible de les séparer dans notre description. Il y a entre les perturbations de l'un et de l'autre une telle intimité, un tel lien, qu'on ne les trouve pour ainsi dire jamais isolés.

Aux eaux surtout, où les malades ne viennent qu'après avoir longuement traîné et usé d'une foule de moyens curatifs, on observe un tel enchevêtrement des troubles nerveux et sanguins, que toute tentative de séparation serait impossible. La raison en est bien simple; les perturbations d'un de ces systèmes ne peuvent durer un certain temps, sans entraîner forcément les troubles fonctionnels de l'autre, comme l'effet suit la cause.

C'est ainsi que chez les personnes chloro-anémiques on voit surgir des dyspepsies, des névralgies, des crises hystériformes, etc....., en un mot les troubles névropathiques les plus variés. De même quand les névralgies, les dyspepsies envahissent une constitution, elles ne tardent pas à amener un appauvrissement du sang.

Ainsi donc, troubles du côté de la circulation, troubles nerveux, réagissent les uns sur les autres et sont tout à la fois cause et effet.

Nous les trouverons donc toujours réunis dans les observations que nous aurons occasion de citer. Nous nous efforcerons pourtant de choisir, dans chaque genre d'affection, celles où les troubles spéciaux étudiés seront le plus nettement indiqués, et dans lesquelles ils nous auront paru jouer le rôle de cause; quoiqu'à vrai dire, il soit souvent bien difficile d'établir exactement la filiation des phénomènes présentés par les malades.

Chloro-anémies. — L'expression de chloro-anémie est journellement employée pour désigner un état complexe qui se présente à chaque instant dans l'étude des maladies chroniques. Cependant, la chlorose et l'anémie constituent deux maladies essentiellement différentes, que la pathologie sépare nettement.

L'anémie peut parfaitement exister sans chlorose, et c'est ce qui a lieu chez les hommes; tandis que le chlorose qui appartient plus particulièrement au sexe féminin, ne peut avoir lieu sans le concours de l'anémie qui en est la conséquence forcée.

L'anémie appelée aussi oligaimie, hydroémie, aglobulie, est une lésion constituée par une diminution des globules du sang, les autres éléments restant dans les mêmes proportions. Les savantes recherches de MM.

Andral et Gavarret, Becquerel et Rodier, etc., n'ont rien laissé à désirer sous ce rapport. Nous n'avons pas à nous occuper de la composition du sang ; aussi nous bornerons-nous à dire que toutes les fois que le nombre des globules qui, en moyenne varie de 125 à 130 pour 1000, tombe au-dessous de ce chiffre, il y a commencement d'anémie, et que celle-ci devient d'autant plus profonde que la déglobulisation est plus forte.

Le sang est l'élément vital par excellence. C'est lui qui est chargé de fournir d'un côté tous les principes nutritifs qui entretiennent la vie des organes, et de l'autre, c'est de lui que sortent tous les éléments constitutifs des excrétions et des sécrétions. Il y a donc dans le corps un double mouvement de composition et de décomposition. Tant que ces deux forces se maintiennent en équilibre, la santé reste parfaite, mais si, par une cause quelconque, les décompositions l'emportent sur l'assimilation, il y a rupture de l'équilibre, appauvrissement du sang dans son élément capital, et dès lors production de l'anémie.

On comprend combien doivent être nombreuses les causes qui peuvent entraîner cette rupture de l'équilibre normal. M. le professeur Sée, dans ses belles leçons de physiologie clinique sur les anémies, s'est basé sur la nature des causes, pour les diviser en deux classes : 1° les anémies consomptives ; 2° les anémies d'origine nutritive ou respiratoire.

Nous ne pouvons suivre ce savant professeur dans les longues explications qu'il a développées pour faire comprendre le mode d'action de ces diverses causes et les modifications qu'elles apportent dans la constitution du sang.

Dans la première classe, se trouvent celles qui sont consécutives à des déperditions exagérées, soit du sang lui-même, soit de quelques-uns de ses éléments en particulier.

La seconde renferme les anémies qui dépendent, soit de la privation des matériaux nécessaires à l'entretien du sang à l'état normal, soit de l'altération des organes formateurs. Or, comme les éléments constitutifs du sang lui sont fournis par l'alimentation et la respiration, toutes les causes capables d'amener une perturbation dans ces deux fonctions resteront dans cette classe. Il faut y joindre en outre toutes les lésions portant sur les organes formateurs, glandes lymphatiques ou lymphoïdes.

Quelle que soit la justesse de cette classification, nous croyons devoir lui préférer, comme plus pratique, celle qui divise les anémies en trois classes :

1° Anémies idiopathiques ;

2° Anémies des convalescents ;

3° Anémies symptômatiques.

Dans les anémies idiopathiques rentrent toutes celles qui ne se rattachent à aucune lésion organique. Leurs causes productrices sont les privations, la misère, une vie trop sédentaire, un système nerveux exagéré, etc. C'est dans cette classe que nous rangeons l'anémie des prisonniers, des mineurs, des gens de cabinet, des gens du monde surtout, chez lesquels tout concourt à amener l'appauvrissement du sang : (les corsets, les bals, le défaut d'exercice au grand air, les veilles, les excès de toute nature, toutes causes anti-hygiéniques qui, par leur répétition, retentissent fatalement sur la constitution.)

Quand ces causes se sont prolongées trop longtemps,

le chiffre des globules diminue insensiblement, et les parties aqueuses prédominent. A un degré léger, on ne reconnaît l'existence de cet état qu'à la décoloration des tissus, à un certain degré de faiblesse, et à une paresse pour le mouvement. Quand le mal est plus avancé, il s'y joint quelques troubles nerveux, des palpitations, un peu de souffle dans les artères, du vertige, de l'anorexie, et chez les femmes, la décoloration des règles. Quand cette anémie est plus profonde, on voit apparaître les troubles névropathiques les plus compliqués, dyspepsies, gastralgies, palpitations, essoufflement, aménorrhée, dysménorrhée, ou bien hémorrhagies utérines. C'est alors qu'elle se complique de la chlorose.

Dans la deuxième classe, nous trouverons les anémies des convalescents, qui ne se lient à aucune lésion d'organe. Toutes les maladies longues qui ont épuisé le malade, soit par les privations qu'on lui a imposées, soit par les déperditions sanguines qu'on lui a fait subir, ont un retentissement sur l'organisme et entraînent une anémie passagère qui diminue à mesure que le malade peut réparer ses pertes, et dont la disparition est indiquée par le retour des forces à l'étal normal.

La troisième classe, celle des anémies symptômatiques, renferme toutes celles qui accompagnent les maladies chroniques, simples ou diathésiques. Que le mal atteigne les poumons, les reins, la rate, l'utérus, les ovaires, la vessie, ou quelque autre organe important, le résultat est le même. L'organe malade retentit sur les organes sains, les fonctions de nutrition s'altérant l'hématose devient imparfaite, et l'anémie apparaît avec son cortège ordinaire de troubles nerveux et de chlorose.

Jusqu'à présent nous n'avons parlé de cette dernière maladie que comme consécutive à l'anémie. Dans certaines circonstances, cependant, elle la précède, et l'anémie n'en est pas la conséquence.

Le lien qui unit ces deux affections est si étroit qu'on a pu se demander si la chlorose était bien distincte de l'anémie, ou si elle n'en était qu'une variété, une forme spéciale.

Il est évident qu'on ne saurait méconnaître le caractère anémique de la chlorose, et les analyses du sang le prouvent surabondamment ; « mais, dit M. Sée, bien
» qu'il y ait identité de lésions, des différences réelles
» séparent ces deux états au point de vue physiologique.
» Ce qui me frappe d'abord, dans le développement de
» la chlorose, c'est qu'elle naît indépendamment des
» causes générales qui produisent l'anémie. Les pertes
» excessives, les privations n'y sont pour rien, ou du
» moins la maladie peut s'observer chez des individus
» placés dans les meilleures conditions hygiéniques.
» Pour M. Sée, la chlorose est une anémie, mais une
» anémie spéciale qui lui paraît résulter de l'activité
» excessive, des fonctions de développement, c'est-à-
» dire de l'accroissement exagéré ou de l'ovulation. »

C'est aussi l'opinion de M. Monneret.

Que ce soit là la cause la plus ordinaire de la chlorose, le fait est indubitable, mais, cependant, il faut admettre que cette explication ne peut embrasser tous les faits. Trousseau a vu des chloroses confirmées succéder à des impressions morales.

Il serait bien difficile de rattacher ces cas aux causes indiquées par M. Sée, et notre expérience personnelle nous porte à penser que, dans quelques circonstances, la chlorose peut naître sous l'influence d'une perturbation du système nerveux.

Quoi qu'il en soit, la chlorose et l'anémie sont tellement unies l'une à l'autre, que, dans la pratique médicale, on a pris l'habitude de ne pas les séparer, et qu'on emploie l'expression de chloro-anémie pour désigner cet état mixte qui présente les symptômes principaux de l'une et de l'autre.

Par l'énumération que nous en avons faite ci-dessus, il est facile de voir combien sont nombreuses les causes qui peuvent produire la chloro-anémie.

Aux maladies de toutes sortes qui viennent assaillir l'humanité, il faut joindre la violation des règles élémentaires de l'hygiène, de telle sorte qu'on peut se demander comment l'anémie si commune déjà, ne le devient pas bien plus encore.

Une fois produite, la chloro-anémie ne peut aller qu'en s'aggravant par les troubles nerveux qui en sont la conséquence, et qui viennent ainsi la compliquer. Les exemples ne sont que trop nombreux en médecine de ces cercles vicieux dans lesquels deux affections liées ensemble jouent réciproquement l'une vis-à-vis de l'autre, le double rôle de cause et d'effet. Pour l'anémie c'est un phénomène constant, et ce n'est pas là un des moindres motifs des difficultés de sa guérison.

Quand la chlorose est primitive, la question de traitement est plus simple. Le fer peut être regardé comme le spécifique de cette maladie, et son action est puissamment aidée par les modificateurs hygiéniques. Mais dans l'anémie, le traitement est plus compliqué, et le fer ne suffit plus à la guérison. C'est encore une preuve de plus que la chlorose n'est pas simplement une anémie.

Pour guérir celle-ci, il faut que le traitement soit dirigé simultanément contre l'état général considéré en lui-même, et contre la cause pathologique qui lui a donné naissance.

La première chose à faire est donc de chercher à éloigner les causes productrices de la chloro-anémie, que celles-ci soient anti-hygiéniques ou morbides. Seulement, dans ce dernier cas on se trouve souvent en présence d'une impossibilité. Dans quelques circonstances aussi, la chloro-anémie finit par acquérir un degré d'intensité tel que, d'accident secondaire, elle devient la maladie principale et réclame impérieusement un traitement dirigé spécialement contre elle.

Le premier des moyens à employer pour combattre cette déglobulisation du sang, est l'usage d'une nourriture substantielle, tonique et fortifiante. Mais il arrive parfois que la chose est rendue impossible par les dyspepsies, gastralgies et autres états névropathiques qui empêchent la nutrition et l'assimilation de se faire convenablement.

C'est alors que les eaux minérales constituent le moyen le plus puissant pour remédier à ces états complexes.

Par elles on met fin à ces perturbations profondes des fonctions digestives qui, nées de l'anémie, l'entretiennent et l'aggravent à leur tour. Or, ce sont les premières lésions qu'il faut faire disparaître pour permettre l'alimentation des malades.

Reste ensuite le traitement de l'anémie contre laquelle nous trouvons dans l'emploi des eaux de Royat une ressource précieuse.

Ces eaux renferment du fer; et quoique cette substance ne soit pas aussi nettement indiquée pour l'anémie que pour la chlorose, il est incontestable, cependant, qu'elle est au premier rang des moyens thérapeutiques usités contre la première de ces maladies.

Nous trouvons encore dans sa thermalité, jointe aux notables proportions d'acide carbonique qu'elles renferment, un puissant moyen d'action.

Chez les chloro-anémiques les fonctions cutanées se font généralement mal ; les bains chauds et l'acide carbonique stimulent la peau, activent ses sécrétions, réveillent sa vitalité, et réagissent sur toute l'économie.

Sous l'influence de ces moyens, la nutrition se fait mieux, le sang refait ses globules et le système nerveux se calme (sanguis moderator nervorum); les fonctions d'assimilation et de décomposition se régularisent et les états pathologiques existants entrent dans la voie de la résolution.

Nous allons, à l'appui de nos assertions, fournir quelques observations choisies dans le nombre, qui nous permettront de saisir le mode d'action des eaux et les résultats qu'on peut en obtenir.

Anémies.

XIIe OBSERVATION.

Anémie par hémorrhagies hémorrhoïdaires.

M. B., 57 ans. Grand et maigre. Constitution délicate. Tempérament nerveux.

En fait d'antécédents nous ne lui connaissons qu'un rhumatisme articulaire il y a quatre ans. Depuis quinze ans, atteint d'hémorrhoïdes qui lui occasionnent de violentes hémorrhagies et l'ont rendu presque exsangue. Depuis quelques années, hémoptysies légères qui lui ont laissé une petite toux sèche et fréquente chaque hiver. Estomac dyspeptique, pneumatose, renvois acides, digestions lentes.

A l'auscultation, respiration très faible mais normale. Les battements du cœur sont ordinaires ; bruit de souffle énergique se prolongeant jusque dans les carotides. Bon appétit. Bon sommeil.

Traité par les bains de César, les lavements d'eau minérale et l'eau en boisson.

Au bout de vingt-deux jours, ce malade quitte Royat se sentant beaucoup mieux; la figure a repris de l'animation et il y a une certaine force; il peut faire quelques promenades. Les hémorrhagies ont reparu mais très faibles.

Nous avons eu l'occasion de voir ce malade pendant tout l'hiver suivant; l'amélioration s'est soutenue ; les hémorrhagies n'ont plus été abondantes et il a pu reprendre son travail de bureau.

RÉFLEXIONS. — L'anémie de ce malade rentre dans la première catégorie des anémies consomptives admises par M. Sée. Chez lui, il n'y a aucune maladie chronique, mais une simple lésion. L'anémie est le résultat non d'une déglobulisation du sang, mais d'une déperdition trop abondante. Comme il était impossible de détruire les hémorrhoïdes, cause première de l'état morbide, il nous a fallu nous borner à en combattre les effets, et c'est un résultat auquel nous sommes arrivé assez heureusement.

Pendant les six mois qu'il nous a été donné de voir ce malade, le mieux obtenu à Royat s'est continué, et les hémorrhagies ne sont revenues que beaucoup plus faibles. Cette amélioration aura-t-elle persisté? Nous avouons conserver beaucoup de doute à cet égard, car la cause productrice persiste et elle ramènera le mal.

Voici maintenant un cas semblable mais dans lequel le résultat n'a pas été aussi favorable :

XIIIᵉ OBSERVATION.

Anémie par hémorrhagies hémorrhoïdaires.

M. l'abbé B., 39 ans; grand et maigre; tempérament biliosonerveux. Pas d'antécédents connus.

Atteint depuis cinq ans d'hémorrhoïdes internes considérables qui entraînent de fortes hémorrhagies. Par suite de la perte de sang, état d'anémie avec bruit de souffle au cœur et dans les carotides.

Comme conséquence, état névropathique infini, fatigue, lassitude, fourmillement des membres, impatiences, céphalées, vertiges, tendances à l'hypochondrie. Depuis cinq ans, dyspepsie gastro-intestinale, coliques vives deux à trois heures après les repas; pneumatose, pesanteur épigastrique.

Bon appétit, langue belle, sommeil tranquille. Constipation.

Traité comme le précédent malade. Dix jours après son arrivée, l'estomac est meilleur, l'hémorrhagie modérée.

Au bout de vingt jours, le malade nous quitte à la suite d'une forte perte de sang. Le seul bénéfice qu'il ait retiré du traitement, c'est une amélioration marquée de son estomac.

Les réflexions à faire sur cette observation sont les mêmes que dans le cas précédent. Seulement, nous n'avons pas obtenu dans cette circonstance la cessation des pertes sanguines, et il est fort probable que l'estomac amélioré tout d'abord, sera devenu dyspeptique comme auparavant.

C'est donc un insuccès.

XIVᵉ OBSERVATION.

Anémie, suite d'hémorragies utérines.

Mᵐᵉ C., 44 ans. Constitution moyenne ; tempérament bilioso-sanguin. Antécédents rhumatismaux.

Atteinte depuis cinq ans d'une tumeur fibreuse interstitielle de l'utérus, qui occasionne chaque mois des hémorrhagies très-fortes. Porte en outre une hypertrophie de la rate non consécutive à des fièvres intermittentes. Céphalées continuelles. Pesanteur à l'estomac, pyrosis. Appétit médiocre. Répugnance au mouvement; faiblesse très-grande; pas de décoloration des menstrues qui sont régulières. Léger bruit de souffle aux carotides. Se plaint de douleurs rhumatismales dans les genoux.

Traitée par les bains de César et l'eau en boisson.

Le traitement ramène d'abord une légère exsudation sanguine à laquelle on ne s'arrête pas et qui dure jusqu'à la première période menstruelle, mais ne reparaît plus ensuite.

Mme C. quitte Royat après avoir pris trente-cinq bains en deux saisons. Elle se trouve plus forte, mange mieux et digère bien. La tumeur fibreuse a diminué à peu près de moitié de son volume apparent. La tumeur splénique n'a pas été modifiée.

RÉFLEXIONS. — Cette dame, brésilienne de naissance, et venue en France pour se faire soigner, avait été examinée par plusieurs médecins qui avaient été unanimes pour déclarer qu'il n'y avait aucune opération à faire, et que les accidents disparaîtraient avec la ménopause. Force lui était de garder son mal et de n'avoir recours qu'à des moyens palliatifs pour remédier aux accidents qui en étaient la conséquence. C'était donc aux toniques, aux fortifiants qu'il fallait s'adresser pour combattre l'anémie que devaient forcément entraîner les hémorrhagies mensuelles. C'est pour ce motif qu'elle fut envoyée à Royat.

Le long traitement suivi par Mme D. n'a pas eu tout d'abord un effet marqué sur la quantité de sang perdu, mais du moins il lui a permis de ne pas en ressentir l'influence nuisible. Loin de là même, les forces sont revenues en partie, et avec le retour de celles-ci, l'estomac a perdu sa susceptibilité et la malade a pu mieux s'alimenter.

Notons un fait remarquable : la tumeur splénique n'a nullement été modifiée par le traitement, mais la tumeur fibreuse a subi un retrait manifeste. Il est à présumer que cette diminution aura une influence avantageuse sur la menstruation et que les hémorrhagies suivantes auront été moins abondantes.

Cette observation nous remet en mémoire le cas d'une autre dame à laquelle nous avons eu à donner des soins il y a quelques années.

Cette dame, déjà âgée, était porteur d'une tumeur volumineuse dans le bas ventre, laquelle avait amené un peu d'anémie. Cette tumeur, mal délimitée, et dont le diagnostic précis n'avait pu être établi, n'occasionnait que de la gêne et pas de douleur. Elle comprimait la vessie et le rectum, ainsi que le démontraient les symptômes existants.

Sous l'influence d'un traitement thermal spécial, nous vîmes la tumeur diminuer sensiblement de volume et laisser parfaitement libres les fonctions de l'intestin et de la vessie. Nous n'avons plus eu de nouvelles de cette dame et nous ignorons ce qu'il sera advenu de cette amélioration.

XVe OBSERVATION.

Chloro-anémie, suite d'hémorragies utérines.
État névropathique. Arthritis.

Mme V., 29 ans. Petite mais bien constituée. Tempérament lymphatique. Diathèse rhumatismale héréditaire.

A la suite de fortes pertes utérines, Mme V. a été atteinte depuis plusieurs années de chloro-anémie et de troubles nerveux consécutifs. Règles venant régulièrement, mais très faibles et décolorées, suivies pendant cinq à six jours de pertes blanches ; douleurs légères dans les reins et le bas ventre, (n'a pas d'autre lésion locale qu'un peu d'abaissement).

Dyspepsie, gonflement de l'épigastre et de l'abdomen, flatulence, pesanteur, lenteur de la digestion, parfois du pyrosis. Constipation. Migraines fréquentes avec vomissements. Tristesse, envies de pleurer, etc. Appétit assez bon ; sommeil parfait.

Traitée par les bains, l'hydrothérapie, les frictions sèches et l'eau en boisson.

Au bout de vingt-deux jours, Mme V. quitte Royat beaucoup mieux ; les maux d'estomac ont disparu ainsi que les migraines. Elle a encore quelques rapports. Les bains ont réveillé quelques douleurs rhumatismales.

Mme V. revient à Royat l'année suivante. L'amélioration de l'estomac a persisté ; les digestions sont faciles : l'état nerveux a diminué, mais la chloro-anémie est toujours la même. Les règles sont très pâles, pertes blanches abondantes. A contracté une affection des voies respiratoires et de fortes douleurs rhumatismales.

Partie au bout d'un mois, se trouvant encore très bien ; les pertes blanches ont diminué, l'affection bronchique a disparu. Les rhumatismes persistent.

RÉFLEXIONS. — Dans cette circonstance encore ce sont les hémorrhagies qui ont amené la chloro-anémie. Seulement, il semble que ces pertes qui n'ont été que l'exagération d'une fonction physiologique aient eu moins de retentissement sur l'économie que les hémorrhagies hémorrhoïdaires des deux observations précédentes, car, tandis que ces derniers malades sont pâles et décolorés et nous présentent un souffle anémique des plus prononcés, Mme V. a conservé le teint de la santé, et n'offre ni souffle carotidien, ni anhélation. Cependant, la chloro-anémie est des mieux caractérisées à en juger par la profonde décoloration des règles et par les accidents nerveux.

Remarquons les résultats obtenus par le traitement.

Au bout de la première année, après vingt-deux bains seulement, les symptômes nerveux se sont profondément modifiés, l'estomac n'est presque plus dyspeptique ; les migraines ont disparu et les forces ont augmenté. Et cette amélioration n'est pas passagère, elle est réelle et bien acquise à la malade puisqu'elle persiste encore un an après. Cependant, les règles n'ont pas éprouvé de changement; elles sont toujours aussi pâles, les pertes blanches aussi fortes. Il semblerait pourtant que, puisque les troubles nerveux sont nés sous l'influence de la chloro-anémie, la guérison de celle-ci aurait dû précéder la guérison des premiers. C'est précisément le contraire qui a eu lieu.

C'est, du reste, un fait que nous avons été appelé à constater bien des fois, à savoir que le traitement fait disparaître les troubles consécutifs avant d'agir sur la cause première du mal.

Il est aussi un fait auquel nous attachons une certaine importance dans le cas présent. C'est à l'apparition des rhumatismes. Les antécédents de la malade nous permettent de penser qu'elle était sous la dépendance d'une diathèse rhumatismale héréditaire, laquelle ne se manifestait pas la première année de la venue aux eaux. N'y a-t-il pas lieu de croire que le réveil de la diathèse provoqué par les eaux a pu être pour quelque chose dans l'amélioration obtenue du côté du système nerveux. Nous avons eu trop souvent l'occasion d'observer ce balancement de deux affections en apparence bien différentes pour ne pas adopter l'opinion ci-dessus.

Au traitement thermal nous avons adjoint, chez Mme V., l'emploi de l'hydrothérapie. C'est une ressource précieuse que nous offre l'installation de l'établissement de Royat, et dans les cas de chloro-anémie, c'est un moyen d'action trop puissant pour que nous le négligions. Il concourt à tonifier, à amener de puissantes réactions, et comme tel, il est d'une grande utilité contre toutes les perturbations nerveuses. La seconde année, nous n'avons pu l'employer parce que l'état de notre malade se compliquait d'une affection des voies respiratoires.

Dans cette observation nous avons eu l'occasion de voir l'état névropathique succédant à l'apparition de la chloro-anémie qui est le point de départ et la cause déterminante. Dans celle qui va suivre, nous allons voir au contraire la névropathie se déclarer la première sous l'influence d'une cause en apparence incapable d'amener une telle perturbation fonctionnelle, et entraîner consécutivement une chloro-anémie des mieux caractérisées.

Le rapprochement de ces deux observations prouve jusqu'à l'évidence le lien intime qui unit les systêmes sanguin et nerveux, ces deux grands régulateurs de la vie. De cette union, il résulte que toutes les causes qui amènent un trouble dans les fonctions de l'un retentissent directement et par voie de conséquence sur l'autre. C'est la meilleure justification du parti que nous avons pris de les réunir dans un même chapitre.

XVIe OBSERVATION.

Névropathie primitive. — Chloro-anémie consécutive.

Mme R., 31 ans. Riche paysanne. Grande et forte; teint coloré; jouissant habituellement d'une excellente santé. Pas d'antécédents connus.

Quatre mois avant sa venue à Royat, à la suite d'une longue course à pied pendant laquelle elle fut mouillée ayant chaud, elle avait été atteinte brusquement d'un état névropathique généralisé.

Douleurs épigastriques ; crampes d'estomac; pneumatose; éructations nombreuses; pulsations épigastriques ; céphalalgies fréquentes; douleurs vertébrales; fourmillements dans la région lombo-sacrée.

Parfois douleurs sourdes dans la région duodénale après les repas; sentiment général de malaise ; gargouillements intestinaux ; diarrhée ; appétit nul ; sensations douloureuses dans tous les membres. Règles très-régulières comme époque et comme quantité, mais très-décolorées. Pas de bruit de souffle.

Mme R. reste à Royat pendant vingt-un jours, durant lesquels nous la traitons par les bains et l'eau en boisson auxquels nous adjoignons l'hydrothérapie.

A son départ, il existe toujours de la sensibilité au creux épigastrique et des fourmillements dans la région lombo-sacrée, mais les troubles nerveux ont sensiblement diminué, la tête est bien libre. Les règles, venues au moment du départ, sont beaucoup plus colorées.

Revenue à Royat l'année suivante, Mme R. a passé un bon hiver, quoiqu'elle ait eu de temps à autre quelques troubles nerveux.

Un mois avant son arrivée seulement, elle a éprouvé des frissons, de la fièvre, et les troubles nerveux ont repris de la force.

La pesanteur à l'estomac, la pneumatose, les fourmillements le long du dos ont reparu, mais bien moins forts que l'année précédente. Quant aux règles, elles sont redevenues complétement normales.

Part au bout de dix-sept jours ; tous les troubles nerveux ont disparu, sauf une légère sensation douloureuse à l'estomac.

Nous avons appris depuis que Mme R., qui n'avait jamais eu d'enfants, était accouchée de deux jumeaux.

RÉFLEXIONS. — Nous avions raison de dire que cette observation, en apparence semblable, quant aux phénomènes appréciables, à la précédente, en était précisément l'opposée.

Dans la première, la chloro-anémie est la suite d'hémorrhagies, et les troubles nerveux en dérivent. Dans celle-ci, les troubles nerveux apparaissent les premiers, brusquement, après un refroidissement. C'est un véritable cas de névropathie générale aiguë, et le retour de cet état, l'année suivante, après des frissons et de la fièvre, vient encore à l'appui de cette opinion.

Dans ce cas donc, l'état nerveux fait explosion le premier, et il entraîne à sa suite la chloro-anémie. Celle-ci était la cause dans le premier cas, dans le second, elle n'est que l'effet. Aussi que résulte-t-il de cette différence ? C'est que, dans l'observation précédente, le traitement thermal fait disparaître entièrement l'état nerveux, et n'influe que médiocrement sur la chloro-anémie, tandis qu'ici où la chloro-anémie est consécutive, elle cède complétement et que l'état névropathique primitif, quoique fort amoindri, n'a pas encore entièrement disparu, au bout de deux saisons thermales.

N'avions-nous pas raison de dire que l'état primitif résiste toujours plus au traitement que les lésions secondaires. Pourtant, dans les deux cas, les médications employées ont été les mêmes, et les résultats obtenus aussi avantageux pour l'une que pour l'autre malade, car nous avons pu avoir postérieurement de leurs nouvelles, et nous avons su que leur santé était satisfaisante.

Ce cas de névropathie aiguë, si nous pouvons nous servir de cette expression pour caractériser une invasion brusque, pour ainsi dire instantanée, n'est pas le seul que nous possédions. Nous en avons par devant nous un autre exemple survenu dans les mêmes conditions (refroidissement après avoir été mouillé). Le résultat du traitement thermal et hydrothérapique a été de mettre fin complétement à cette surexcitation nerveuse.

Nous nous sommes laissé entraîner à donner l'observation dernière immédiatement après la précédente, parce qu'il nous a paru intéressant de les rapprocher l'une de l'autre, et de montrer deux cas présentant à peu de chose près les mêmes phénomènes pathologiques nés sous des causes différentes, suivant un ordre d'évolution inverse, et pourtant arrivant au même résultat.

Cependant, il faut bien avouer que ces deux malades n'appartiennent pas tout à fait à la même classe. Si la première doit être rangée dans les chloro-anémies, la seconde trouve sa place dans les névropathies généralisées, car c'est bien là le phénomène primitif, la cause déterminante des autres lésions. Elle appartient donc plus spécialement à la catégorie des malades dont nous allons nous occuper dans le paragraphe suivant.

Névropathies généralisées.

Les cas de névropathies généralisées s'observent principalement chez les femmes, et se trouvent en général fort bien des traitements suivis à Royat. Quoique cet état pathologique soit beaucoup moins fréquent chez les hommes, qui sont en général plus disposés aux névroses fixes, il n'est guère d'années où nous n'ayons l'occasion d'en voir quelques-uns. Disons tout de suite que le traitement leur convient en général moins bien; tandis que chez les femmes, au contraire, il est bien rare que nous n'obtenions pas tout au moins une amélioration marquée.

La plus grande fréquence de ces états chez elles tient à une plus grande prédominance du système nerveux, à une sensibilité plus vive, et, il faut bien le dire aussi, à leur genre de vie ; le manque d'exercice, les veilles, les plaisirs du monde, les fonctions menstruelles, les grossesses, l'allaitement, etc., tout concourt chez elles à faire prédominer le système nerveux sur le sanguin, et par conséquent leur crée une constitution éminemment prédisposée aux troubles de l'innervation. Le moindre ébranlement qui vient frapper ces constitutions délicates suffit pour faire vibrer le système nerveux et donner lieu aux névropathies.

Si, chez les femmes, ces manifestations morbides ne sont le plus ordinairement que la conséquence d'un nervosisme poussé à l'excès, il arrive très souvent que, chez les hommes, elles sont dues à la préexistence d'un état diathésique et surtout de l'arthritis. A Royat, où nous avons l'occasion de voir de nombreux malades atteints de diverses lésions de cette nature, les névropathies généralisées ne sont pas rares, et nous aurons l'occasion d'en citer des cas remarquables.

Quel que soit le motif déterminant de l'état névropathique, il est facile de comprendre que les perturbations du système nerveux ont un prompt retentissement sur le système sanguin, et que la chloro-anémie suit de près le développement de la névropathie. Nous sommes donc encore ramenés aux mêmes manifestations que dans le paragraphe précédent, avec cette seule différence que ce qui était la cause est devenu l'effet.

Tout à l'heure nous avons vu les modifications sanguines ne plus fournir aux nerfs le principe vivificateur par excellence et laisser ceux-ci prendre une prépondérance exagérée; maintenant nous allons voir l'influx nerveux troublé, étendre son influence perturbatrice sur les organes formateurs du sang et modifier morbidement la composition de celui-ci.

Citons quelques faits à l'appui de nos assertions :

XVIIᵉ OBSERVATION.

Mᵐᵉ F., 34 ans. Pâle et maigre. Tempérament nerveux. Pas d'antécédents connus.

Cette dame a éprouvé des troubles nerveux variés depuis l'âge de 16 ans.

Depuis dix-huit mois, troubles nerveux des plus graves. Hystérie bien caractérisée. Crises très fréquentes commençant toujours par des douleurs stomacales provoquées par l'ingestion des aliments, et donnant lieu à une pneumatose gastro-intestinale des plus abondantes. Sensation de la boule hystérique à la gorge; étouffements, sanglots, hallucinations, vertiges, etc. Ces phénomènes se dissipent ordinairement par une évacuation de gaz.

L'estomac est toujours douloureux. Sensation continuelle d'étouffement, dégoût des aliments, hypochondrie, amaigrissement. Règles pâles, rares, irrégulières depuis quelque temps.

En un mot, Mᵐᵉ F. est sous l'empire de troubles nerveux des plus complets. Il en est résulté une grande faiblesse.

A déjà suivi toutes espèces de traitements; a fait usage de l'hydrothéraphie et n'en a obtenu qu'un peu de mieux.

Pendant son long séjour à Royat, où elle fait deux saisons consécutives, Mᵐᵉ F. éprouve des alternatives de bien et de mal. Les règles viennent, mais sans modification apparente.

A son départ, mieux réel. Les crises ont été suivies de périodes de calme de plus en plus longues, et pendant les vingt derniers jours il n'y a même pas eu de crises d'hystérie. Les troubles de l'intellect ont disparu. L'estomac est toujours douloureux et flatulent, mais il permet une certaine alimentation. Les forces sont meilleures, le sommeil est revenu.

Nouvelle saison l'année suivante. La malade a subi une véritable transformation. Elle a engraissé beaucoup et est devenue très calme. Plus de crises d'hystérie, plus d'hallucinations : l'estomac seul est resté susceptible et flatulent, mais à un degré infiniment moindre.

Partie au bout de vingt-sept bains, dans un état fort satisfaisant.

RÉFLEXIONS. — Il est difficile de rencontrer un cas où les eaux aient produit un effet plus remarquable que chez cette dame. D'un tempérament nerveux exagéré, elle en était arrivée peu à peu à l'hystérie la mieux caractérisée, dont les crises presque journalières ne lui laissaient que fort peu de repos. Une dyspepsie intense et une pneumatose des plus fortes se liaient à cet état.

La première année passée à Royat avait bien modifié d'une manière sensible cet état névropathique, mais nous n'aurions jamais cru que cette modification eut été aussi profonde, aussi radicale. Aussi est-ce avec une vive et agréable surprise que l'année suivante nous avons été à même de constater les résultats si avantageux auxquels nous étions arrivé. Il faut que les eaux minérales aient une action bien profonde pour que six semaines de traitement aient pu ainsi faire disparaître presque entièrement un état névropathique aussi intense, qui durait depuis dix-huit mois et contre lequel étaient venues échouer toutes les ressources de la thérapeutique et de l'hydrothérapie la mieux dirigée.

Nul doute que nous ne venions à vaincre la maladie de cette dame.

XVIIIe OBSERVATION.

M. C., 45 ans. Scieur de long. Petit et maigre. Constitution débile. Tempérament lymphatique. A eu plusieurs fois des rhumatismes, mais pas d'autre maladie.

Atteint de névropathie depuis trois ans, il l'attribue à son travail dans des lieux humides.

Le mal lui aurait parcouru successivement toutes les parties du corps ; il a commencé par de violentes douleurs dans les membres inférieurs, douleurs fulgurantes qui ont fini par gagner la tête et ont été alors si atroces qu'ils ont donné au malade des idées de suicide. L'estomac a été pris à son tour et il y a eu pyrosis et pneumatose gastro-intestinale.

Aujourd'hui les douleurs vives ont un peu diminué, mais existent par tout le corps et donnent lieu à des fourmillements. Il semble au malade sentir trembler toutes ses chairs.

L'estomac est toujours dyspeptique et flatulent ; l'intestin fonctionné difficilement, sommeil assez bon. Céphalalgies fréquentes et intenses. Agitation nerveuse revenant plusieurs fois par jour et accompagnée de mouvements spasmodiques fibrillaires dans les muscles. Amaigrissement ; anémie. L'intellect s'est beaucoup affaissé sous l'influence de cettre triste maladie. Ce n'est plus un homme que nous avons à soigner, c'est un enfant.

Soumis à un traitement ordinaire, bains prolongés, hydrothérapie, boisson.

Sous l'influence de cette médication l'amélioration obtenue a été fort peu de chose ; les douleurs fulgurantes ont cessé, mais le malade ressent toujours le tremblement fibrillaire des muscles. Les douleurs lui remontent parfois à l'occiput, parfois elles le prennent à la gorge. La nuit il éprouve parfois des sueurs profuses.

En somme, la tête s'est un peu dégagée, mais l'état général est le même.

Réflexions. — Aux exemples précédents qui avaient des femmes pour sujets, nous avons crû devoir adjoindre un cas de névropathie généralisée sur un homme. Nous disions que généralement le traitement thermal agissait bien plus favorablement chez les femmes que chez les hommes, et cette observation vient à l'appui de notre dire.

Quelles sont les causes qui ont amené une névropathie aussi intense chez un individu voué à de rudes travaux, à un labeur de tous les instants? Il est difficile de le découvrir, car les renseignements fournis par ce malade ont été fort incomplets. Pour lui, c'est à un séjour dans les lieux humides qu'il attribue l'origine de son mal et il n'est pas impossible qu'il fût dans le vrai.

Constatons d'abord une constitution frêle et nullement en rapport avec les travaux pénibles auxquels le sieur C. était obligé; probablement aussi une nourriture plus que médiocre est venue apporter son contingent et il a dû en résulter une anémie à l'origine : que le séjour dans des lieux humides ait provoqué l'apparition de rhumatismes, que ceux-ci aient fini par dégénérer en une myalgie générale, que la névrose se soit étendue ensuite des nerfs de la vie de relation aux nerfs organiques, et qu'il en soit résulté une névropathie généralisée, il n'y a rien d'extraordinaire dans cette filiation présumée des phénomènes observés chez ce malade.

Or, en l'absence de renseignements plus précis, c'est à cette manière d'expliquer les faits que nous nous sommes arrêté. Anémie d'abord, rhumatismes ensuite, tel est pour nous le point de départ ; la névralgie généralisée en a été la conséquence.

Quant au retentissement de l'affection générale sur l'intellect, rien de plus commun que cette apparition. Tous ceux qui ont vu des névropathiques ont été bien des fois à même de constater cette terrible propriété qu'ont les maladies nerveuses de briser tous les ressorts, d'affaisser toute énergie et de réduire une intelligence forte et active primitivement au rôle d'un enfant quinteux et volontaire.

Dans cette circonstance, le traitement, prolongé pendant vingt jours, ne nous a conduit qu'à un résultat négatif. Est-ce la faute du traitement ou de l'individu ? Nous ne savons. Dans tous les cas, le séjour à Royat n'a pas été assez prolongé pour que nous pussions en obtenir de grands résultats.

Il aurait fallu modifier l'état anémique, qui était aggravé et entretenu par la névrophatie, mais qui aussi très probablement avait dû la précéder.

Dyspepsies.

Faire un chapitre à part des dyspepsies est bien difficile, car, depuis le commencement de ce travail, nous voyons les troubles gastro-intestinaux figurer dans presque toutes les observations que nous avons fournies. Seulement, jusqu'à présent, les souffrances de l'estomac n'ont été que des complications d'autres affections principales et plus importantes qui dominaient la scène pathologique et qui réclamaient impérieusement toute l'attention et toutes les forces du traitement.

Il arrive pourtant des circonstances où la névrose gastro-intestinale est primitive ; où elle est le point de départ des autres perturbations morbides qui en découlent peu à peu. C'est contre elle alors qu'on doit agir d'une façon spéciale pour ramener l'amélioration de la santé, en négligeant plus ou moins les autres phénomènes qui s'y rattachent. Il est aussi des circonstances où la dyspepsie, quoique secondaire, prend une prédominance tellement grande qu'il devient nécessaire de la combattre particulièrement, parce que, par le trouble qu'elle jette dans les fonctions de nutrition et d'assimilation, elle tend à débiliter l'organisme et à détruire la force de réaction nécessaire pour amener la guérison.

A ce titre, les dyspepsies jouent un rôle important

dans la pratique médicale et les difficultés si grandes qu'on éprouve, je ne dirai pas seulement à les guérir, mais même quelquefois à les soulager, font le désespoir des malades et le tourment des médecins.

La dyspepsie peut atteindre soit l'estomac, soit l'intestin, soit l'un et l'autre en même temps. Le plus ordinairement l'estomac est seul atteint, mais assez souvent les intestins le sont en même temps ; quant à la dyspepsie intestinale franche, elle est moins fréquente que les précédentes.

Considérées au point de vue de leur origine, les dyspepsies ont été divisées en essentielles et symptômatiques. M. Nonat a cru devoir y joindre la classe des dyspepsies sympathiques renfermant celles qui accompagnent si fréquemment les maladies de l'utérus et de ses annexes. De celles-ci nous ne nous en occuperons pas pour le moment et nous renvoyons ce que nous aurons à en dire au moment où nous nous occuperons des maladies utérines.

Les dyspepsies symptômatiques sont, ainsi que l'indique leur nom, celles qui accompagnent les lésions d'organes plus ou moins éloignés, et quoique dans certains cas elles puissent acquérir une intensité très grande et contribuer à l'aggravation de l'état des malades, on comprend pourtant que leur importance médicale est moindre, et que leur guérison nous échappe le plus ordinairement. Liées à une altération organique, elles suivent le sort de la maladie principale et sont destinées à s'aggraver ou à diminuer avec elles. Aussi ne nous en occuperons-nous pas d'une façon spéciale.

Quant aux dyspepsies essentielles, leur nombre est infini, leurs variétés grandes, et leurs causes productrices sont de tous les instants.

7

Ces causes peuvent se trouver, ou dans l'estomac lui-même, ou dans les conditions anatomiques et physiologiques des organes annexes de la digestion. C'est ainsi que la nature des aliments, leur qualité, les altérations des sucs digestifs, salive, suc gastrique, suc pancréatique, bile, acides normaux, etc., etc., peuvent provoquer des dyspepsies interminables. Dans d'autres cas, les causes sont générales. Ainsi la violation des règles de l'hygiène, une vie trop sédentaire, un travail trop assidú, l'abus du tabac, des boissons fortes, la privation de sommeil, dérivent au détriment de l'estomac, l'influx nerveux nécessaire au travail d'une bonne assimilation. Chez certaines personnes nerveuses à l'excès, chez les chlorotiques, chez celles que des causes quelconques ont conduites à l'anémie, il y a tour à tour excès et manque de vitalité, désordre des fonctions nerveuses et retentissement sur le centre de la vie organique, l'estomac.

Enfin, dans certaines circonstances, les dyspepsies sont un des modes d'évolution des maladies constitutionnelles. Nulle forme pathologique n'est plus directement sous la dépendance des états diathésiques que les dyspepsies gastro-intestinales : c'est là un fait hors de toute contestation.

Nous ne prolongerons pas d'avantage l'énumération des causes productrices de la dyspepsie ; il faudrait parcourir la pathologie toute entière, car il n'est aucune lésion organique, aucun trouble fonctionnel qui ne puissent, à un moment donné, retentir sur l'estomac, et que la dyspepsie ne puisse venir compliquer.

Nous avons dit que les variétés des dyspepsies étaient très nombreuses, car il n'est pour ainsi dire pas deux malades qui éprouvent les mêmes symptômes. L'idiosyncrasie individuelle en fait varier à chaque instant les expressions. Pourtant, au point de vue des troubles prédominants, nous croyons qu'il est possible d'en faire trois espèces :

1° La dyspepsie atonique ;

2° La dyspepsie flatulente ;

3° La dyspepsie acide.

Disons tout de suite qu'il n'est pas rare dans la pratique de les trouver réunies chez le même sujet, deux ou trois ensemble. Ce sont alors les symptômes de l'une ou de l'autre qui prédominent.

Les causes productrices de ces diverses espèces sont les mêmes : chez les unes, elles entraîneront la dyspepsie acide ; chez les autres, la dyspepsie atonique ou flatulente. L'hydiosyncrasie des malades nous a paru seule créer l'espèce. Toutes les trois nous ont paru aussi rebelles les unes que les autres, quoique pourtant elles ne soient pas également pénibles pour les patients. La dyspepsie atonique fatigue moins les malades, trouble moins les fonctions d'assimilation et en somme altère moins la santé générale. Elle peut coexister avec une santé relativement bonne. Aussi est-il rare que les malades viennent aux eaux pour s'en guérir quand ils n'ont pas d'autre maladie.

Nous allons maintenant citer quelques exemples de chacune de ces diverses espèces et de la manière dont elles se comportent sous l'influence du traitement suivi à Royat. La dyspepsie atonique est généralement caractérisée par une sensation de pesanteur à l'estomac qui s'empare du malade assitôt que des aliments sont introduits et avant que la digestion soit commencée.

Le patient éprouve un sentiment de plénitude comme

s'il avait fait un excès de nourriture ; il y a anéantissement des forces, répugnance au mouvement, baillements répétés, renvois inodores et insipides, et, à un degré plus avancé, parfois des vomituritions.

Les symptômes sont, en un mot, ceux d'une surcharge de l'estomac, surcharge qui n'existe réellement pas et qui n'est que le résultat du trouble nerveux qu'occasionne le contact des aliments sur les tuniques stomacales. Du reste, ces phénomènes se dissipent assez généralement quand la digestion est en train.

Quelquefois encore ces dyspeptiques ressentent à jeûn un sentiment de malaise, de vide dans l'estomac, des pandiculations ; il leur semble qu'un peu de nourriture les soulagerait. Qu'ils en prennent, et il est rare qu'ils s'en trouvent bien ; leur malaise est remplacé par un autre, car les aliments introduits il faut les digérer, et c'est là le moment pénible.

Cette dyspepsie, quoiqu'en général moins pénible que les autres, s'accompagne aussi parfois de phénomènes gastralgiques et de vomissements, mais cela n'a lieu généralement que dans les cas intenses.

XIXᵉ OBSERVATION.

M. H., 57 ans. Grand et maigre. Bonne constitution. Tempérament sanguin.

Est atteint depuis fort longtemps de douleurs rhumatismales erratiques et légères ; mais, à part cela, a toujours joui d'une bonne santé. Son estomac fonctionnait d'une manière satisfaisante.

En septembre 1867, et sans causes connues, est atteint de douleurs vives à l'estomac avec crampes, vomissements fréquents, tantôt de matières alimentaires, tantôt de mucus aqueux (pituite). Peu à peu les douleurs se sont calmées et il ne reste plus qu'une pesanteur au creux épigastrique sans acidité ni flatulence. Fatigue, lassitude générale, répugnance pour les aliments. Rien de grave en un mot, mais un état de malaise continuel avec découragement. De loin en loin quelques vomituritions. Pas de fièvre. Bon sommeil.

Venu à Royat en juillet 1868, où nous le soumettons à l'usage des bains prolongés et de l'eau en boisson à doses progressives.

M. H. resta à Royat vingt-un jours et partit dans l'état le plus satisfaisant. Dès les premiers jours une amélioration sensible se fit sentir et continua jusqu'à la fin. Il n'y eût ni rechûte ni temps d'arrêt. Au départ, M. H. ne ressentait plus rien à l'estomac ; il mangeait et digérait parfaitement. Les bains avaient provoqué sur les jambes l'apparition de plaques rouges érythémato-papuleuses.

Réflexions. — Nous avons dans ce cas un exemple des plus simples de dyspepsie atonique ; de date encore récente et ne se liant à aucune lésion apparente, elle a cédé avec une remarquable facilité à l'emploi des eaux. Nous croyons cependant qu'elle devait se lier à quelque prédisposition générale inconnue dont le malade ne se rendait pas compte. Nous avons préféré cet exemple à bien d'autres parce que la dyspepsie existait toute seule et que c'était uniquement contre elle que nous avions à agir. Il est rare, en effet, que l'affection gastrique soit seule en cause ; le plus ordinairement elle est concomitante avec d'autres manifestations morbides.

XXe OBSERVATION.

Dyspepsie gastro-intestinale flatulente avec chloro-anémie.

Madame F., 44 ans, petite et maigre. Bonne santé habituelle.

A été sujette pendant plusieurs années à des angines et à des éruptions eczémateuses, disparaissant et revenant avec la même facilité.

Depuis deux à trois ans, il est survenu un trouble manifeste des fonctions gastro-intestinales ; digestions difficiles, pyrosis, fatigue générale, besoin de repos, paresse dans les mouvements. Douleurs épigastriques avant et après les repas. Flatulence : rapports fréquents ; quelques crampes de temps en temps. Constipation opiniâtre, menstruation régulière, peu abondante mais pâle et décolorée. Sommeil excellent. Jamais de fièvre. Sensation de constriction au pharynx, qui est très tenace et fatigue singulièrement la malade.

Soumise au traitement ordinaire, Mme F. n'en éprouve pas un effet bien sensible. Elle ne s'en trouve pas mal, mais comme elle est sujette à des périodes de bien et de mal, elle ne peut apprécier les effets du traitement.

Revenue à Royat l'année suivante, Mme F. nous déclare s'être trouvée fort bien de son précédent séjour ; c'est à peine si elle a éprouvé deux ou trois crises dans tout son hiver.

Son état est satisfaisant ; le sang des règles a repris sa coloration normale. Elle n'éprouve que de rares douleurs à l'estomac : c'est surtout une sensation d'étouffement qui la gêne. La constriction du pharynx a beaucoup diminué.

A la fin de la seconde année, notre malade nous quitte dans un état très satisfaisant.

Nous avons eu l'occasion de revoir plusieurs fois cette dame depuis cette époque. Elle n'est pas mal, elle se ressent toujours de l'amélioration obtenue à Royat, mais son estomac a gardé une certaine susceptibilité.

RÉFLEXIONS. — Le point de départ de cette dyspepsie est assez difficile à établir. Elle se lie évidemment à un état diathésique, et tout nous porte à croire que c'est à l'herpétisme que nous avons affaire. Malheureusement les malades dans une certaine position répugnent à faire connaître les antécédents de leur famille. Ce que nous avons su de cette dame, c'est que pendant plusieurs années elle avait été sujette à une excitation de la peau se traduisant au printemps et à l'automne par des éruptions cutanées. C'est précisément depuis deux ou trois ans que ces éruptions paraissent avoir disparu, que la dyspepsie a fait apparition. Notons la chloro-anémie qui, quoique peu intense, doit avoir aussi joué un rôle, sinon dans la production au moins dans l'entretien de l'état gastrique.

Si cette dame n'était venue qu'une seule année aux eaux, nous serions resté persuadé qu'elle n'en avait retiré aucun bien. C'est dans l'hiver suivant qu'elle a pu constater l'amélioration obtenue du côté des voies digestives et la guérison de la chloro-anémie.

Pour pouvoir guérir radicalement cette dame de son estomac, il faudrait probablement ramener les éruptions cutanées annuelles, et c'est ce qu'elle ne désire nullement. Elle préfère de beaucoup sa dyspepsie modifiée, comme elle l'a été par le traitement de Royat et qui ne la fatigue plus que fort peu.

XXIe OBSERVATION.

Madame L., 38 ans. Constitution excellente. Tempérament lymphatico-nerveux. Fille d'une mère très nerveuse. A toujours eu une singulière excitation du système nerveux. Impressionnable à l'excès, elle était fatalement vouée à la névropathie et n'y a pas manqué.

Dix ans auparavant, à la suite d'une violente émotion, apparition d'une gastro-entéralgie des plus violentes. Depuis cette époque la dyspepsie gastro-intestinale a toujours été caractérisée par des vomissements, de la pneumatose, des rapports acides, des étouffements, de la constipation, parfois de la diarrhée, de temps en temps, se mêlant à tout cela, des crampes de l'estomac ou de l'entéralgie. Enfin, des névralgies de tous les côtés et principalement dans la figure.

Cependant, l'état nerveux a toujours une grande tendance à revenir à l'estomac qui est le centre d'où il rayonne sur les autres organes, mais où il revient avec ténacité. Règles normales, pas de chloro-anémie.

A usé en vain de mille moyens pour améliorer son état.

Deux saisons coup sur coup à Royat. L'usage des eaux en bains et boisson commence par réveiller toutes les misères, et Mme L. repasse par tous les troubles nerveux qu'elle a ressentis depuis dix ans. Mais peu à peu tous ces phénomènes se calment et cette malade éprouve un bien qu'elle ne connaissait plus depuis tant d'années.

Revenue à Royat l'année suivante, Mme L. n'a pas eu un seul vomissement pendant tout l'hiver, et s'est très bien portée. La seconde année a eu un effet moins prononcé, mais cependant très avantageux.

Depuis cette époque, Mme L. a continué à se porter assez bien, quoiqu'elle éprouve encore de temps à autre quelques troubles gastriques. Son état ne peut plus se comparer à ce qu'il était auparavant.

RÉFLEXION. — Nous connaissons peu de femmes aussi essentiellement nerveuses que le sujet de cette observation. Pour elle, la dyspepsie n'était pas un accident, mais tout simplement une forme spéciale d'un état névropathique inné, et probablement héréditaire, ayant son action centrale sur l'estomac.

L'influence du traitement de Royat a été on ne peut plus manifeste et avantageuse. S'il reste encore un peu de dyspepsie, il faut l'attribuer au nervosisme exagéré qui forme le fond de la constitution de cette dame et qui ne passera jamais.

Nous aurions voulu joindre, au traitement thermal, l'usage de l'hydrothérapie, que nous considérons comme un adjuvant des plus utiles dans ces circonstances, mais cette malade n'a jamais voulu y consentir. C'est donc bien au traitement thermal seul, dans ce qu'il a de plus simple, les bains et la boisson, qu'il faut attribuer l'amélioration remarquable que nous avons obtenue.

XXIIᵉ OBSERVATION.

Dyspepsie gastro-intestinale. — Guérison.

M. V., 35 ans. Bonne constitution. Tempérament lymphatique.

Ne connaît aucun antécédent de famille. A eu une sciatique
et des douleurs rhumatismales lombaires.

A la suite d'une violente indigestion qui faillit lui être fa-
tale, ce malade est resté atteint d'une dyspepsie gastro-intestinale très-pénible.

Pesanteur et douleur continuelle au creux épigastrique,
flatulence, gonflement de l'estomac, étouffement, pas d'acidités.
Coliques. Jamais ni vomissements ni diarrhée. Tous ces symptômes se déclarent surtout le soir, quelques heures après le
repas. Anémie prononcée. Bon appétit.

Cette dyspepsie doit être rapportée à l'indigestion, comme
cause occasionnelle, et à l'abus du vin, comme cause prédispo-
sante.

Soumis à l'usage des eaux en bains et boisson. Au bout de
peu de jours, il y a déjà de l'amélioration. Après 21 jours de
traitement, M. V. nous quitte pour rentrer à Paris ; son estomac est complétement remis ; il n'éprouve plus rien que
quelques douleurs rhumatismales erratiques réveillées par le
traitement.

M. V. revient à Royat l'année suivante. Depuis l'été der-
nir, il se trouve assez bien de son estomac ; il ne s'en plaint
plus, quoiqu'il ressente encore parfois quelques légères pesanteurs. Son retour aux eaux est motivé par une violente attaque de rhumatisme lombaire.

A la fin de la seconde saison, l'estomac est parfaitement ;
les douleurs ont un peu diminué. Il y a toujours de l'anémie.

Réflexions. — Le sujet de cette observation était
marchand de vin, et, quoiqu'il fût assez sobre, il est permis de croire cependant que l'usage trop réitéré de sa
marchandise a dû être pour quelque chose dans la dyspepsie que nous pourrions jusqu'à un certain point appeler alcoolique. Quant à la cause déterminante, nous

devons la trouver dans cette violente indigestion, attribuée par le malade à un grand refroidissement aprés un repas copieux.

L'effet des eaux a été immédiat; pas de recrudescence; sur-le-champ le mieux s'est déclaré. Nous voyons que cinq jours après le début du traitement l'amélioration est signalée, et qu'au bout de 21 jours la guérison semble obtenue. Peut-être eût-elle été définitive si le malade avait pu s'abstenir de toucher à sa marchandise, et il est à supposer que c'est au retour aux anciennes habitudes qu'on peut attribuer la légère recrudescence que nous constatons l'année suivante.

Nous pourrions multiplier considérablement les exemples de dyspepsie soit gastriques, soit gastro-intestinales, mais elles ne seraient que la répétition des exemples précédents.

De ce que nous n'avons rapporté que des observations dans lesquelles une amélioration manifeste a été obtenue, il ne faudrait pourtant pas croire qu'il en a été toujours ainsi. Les cas dans lesquels les effets ont été nuls ne sont malheureusement pas rares. Rappelons-nous ce que le vénérable M. Patissier disait : « Les eaux miné-» rales guérissent quelquefois, soulagent souvent, mais » consolent toujours. »

Pour la dyspepsie, comme pour les autres affections, les insuccès sont assez nombreux, mais pourtant nous devons dire que les améliorations sont encore plus nombreuses; ce résultat est-il dû uniquement aux eaux ? Doit-on le rapporter en partie au changement de vie, de régime, à l'air qu'on respire, à l'absence de préoccupations, etc.? Il est bien possible que tout cela y contribue, mais nous croyons pourtant que l'usage des eaux peut en réclamer une large part.

Nous n'avons point jusqu'ici cherché à isoler les diverses formes de dyspepsie les unes des autres. C'est qu'en effet cette séparation est plus difficile à faire qu'il ne le semblerait tout d'abord. De même qu'il est rare en médecine de rencontrer une maladie bien franche, sans complication aucune, de même il est rare de rencontrer une dyspepsie qui ne présente pas quelques-uns des phénomènes appartenant à toutes les formes diverses ; la flatulence, l'acidité, la pesanteur épigastrique se trouvent le plus souvent réunies chez le même malade, non pas en même temps, mais à des jours et à des heures différentes.

Nous avons cru cependant qu'il était possible d'établir à cet égard des distinctions, et c'est de cette façon que nous avons dressé le tableau suivant en prenant pour base les phénomènes le plus généralement ressentis par le malade.

Il sera facile, en le parcourant, de suivre la fréquence proportionnelle des diverses espèces de dyspepsie que nous avons été appelés à soigner, les résultats auxquels nous sommes arrivés. Nous y avons joint aussi la cause à laquelle nous avons cru pouvoir rapporter l'apparition de l'affection dyspeptique.

Ce court tableau permet de saisir en un instant toutes ces questions.

1re Espèce. — *Dyspepsies gastriques simples ou atoniques.*

14 cas.

2 guéries. — Causes : 1 goutte, 1 anémie.

5 très améliorées. — Causes : 1 goutte, 1 anémie, 1 métrite, 1 névrosisme, 1 cause inconnue.

6 légèrement améliorées. — Causes : 4 goutte, 1 métrite, 1 rhumatisme.

1 Insuccès. — Cause : 1 phthisie.

14

2ᵉ Espéce. — *Dyspepsie gastrique flatulente.*

13 cas.

1 guérie. — Causes : 1 chloro-anémie avec pyrosis.

4 très-améliorées. — Causes : 1 rhumatisme, 1 goutte, 1 métrite, 1 chlorose.

2 légèrement améliorées.—Causes : 1 anémie, 1 rhumatisme.

6 insuccès. — Causes : 1 goutte, 2 chloro-anémies, 1 herpétisme, 2 causes inconnues.

___
13

3ᵐᵉ Espèce. — *Dyspepsies gastriques acides.*

5 cas.

0 guérie.

1 très-améliorée. — Causes : 1 rhumatisme.

3 légèrement améliorées. — Causes : 1 chloro-anémie, 1 goutte, 1 métrite.

1 insuccès. — Cause : 1 chloro-anémie.

___
5

Espèces composées.

1° *Dyspepsie atonique et flatulente.*

2 cas.

1 très-améliorée. — Cause : goutte.

1 légèrement améliorée. — Cause : rhumatisme.

___
2

2° *Dyspepsie flatulente et acide.*

1 cas.

1 très-améliorée. — Cause : état névropathique.

Dyspepsies gastro-intestinales flatulentes.

6 cas.

1 guérie. — Cause : alcoolisme.

2 très améliorées. — Causes : 1 anémie, 1 métrite.

2 légèrement améliorées. — Causes : 1 goutte, 1 rhumatisme.

1 insuccès. — Cause : 1 rhumatisme.

___
6

Dyspepsies gastro-intestinales atoniques.

3 cas.

1 guérie. — Causes : anémie et rhumatisme.

1 légèrement améliorée. — Cause : rhumatisme.

1 insuccès. — Cause : état névropathique.

——

3

En résumant ce tableau, nous trouvons donc comme résultat définitif :

Guérisons	5
Grande amélioration	14
Légère amélioration	15
Insuccès	10
	44

Il est bien évident que cette liste ne renferme pas tous les dyspeptiques que nous avons pu observer à Royat; nous n'y avons fait rentrer que ceux sur lequels nous avons trouvé dans nos notes des détails assez précis pour pouvoir bien déterminer la nature du mal et les résultats du traitement.

En étudiant la récapitulation de ce tableau, nous voyons que la guérison ne comporte que cinq cas, et encore nous n'affirmerions pas que ces guérisons, qui paraissaient définitives au départ des malades de Royat, n'ont pas été suivies de rechûtes plus tard. Mais, en admettant même les rechûtes, ces cinq cas n'en seraient pas moins appelés à grossir la liste des malades améliorés qui, peu ou beaucoup, comprend les deux tiers des cas.

En résumé, sur quarante-quatre malades, dix seulement n'ont obtenu aucune modification à leur mal, les sept neuvièmes ont été améliorés. Ce résultat est bien fait pour encourager les malades à essayer d'un pareil traitement.

Quant à l'influence de celui-ci, selon la nature de la dyspepsie, il n'y a que fort peu à dire. La dyspepsie atonique a été la plus fréquente, et c'est celle aussi qui nous a donné les résultats les plus favorables.

La dyspepsie flatulente, à peu près aussi nombreuse, semble déjà moins avantageusement modifiée. Quant à l'acide, les exemples que nous en avons eus ont été beaucoup plus rares et les avantages moins marqués.

Toutes les fois que nous avons eu à diriger un traitement spécial contre la dyspepsie, nous avons eu recours aux bains prolongés, à l'eau en boisson et à l'hydrothérapie.

Ce dernier moyen nous a rendu, nous devons le dire, toutes les fois qu'il nous a été possible de l'employer, de véritables services. Nous lui avons dû de voir cesser plus promptement les états névropathiques généraux que présentent souvent les dyspeptiques. C'est surtout chez les personnes chloro-anémiques que l'hydrothérapie a eu de bons effets. En provoquant des réactions énergiques, en réveillant la vitalité de la peau, l'eau froide a contribué à imprimer une activité plus grande aux fonctions assimilatrices, et par voie de conséquence à diminuer les perturbations nerveuses.

Mais ce n'est qu'à titre d'adjuvant que l'hydrothérapie nous a servi dans ces circonstances ; la vraie base du traitement a consisté dans l'emploi des bains et de l'eau en boisson. Les cas assez nombreux dans lequels nous avons été obligés de renoncer à l'usage de l'eau froide, soit par suite de la répugnance des malades, soit pour des motifs particuliers, nous ont procuré d'assez beaux résultats pour que nous puissions être affirmatif à cet égard.

On sait que nous avons à Royat deux sources dont on se sert également soit en boisson soit en bains. Celle de César à 29° et la Grande Source à 35°. Entraîné par la croyance à l'utilité du froid pour combattre l'état chloro-anémique, compagnon si ordinaire de la dyspepsie, nous avons nombre de fois voulu commencer le traitement par l'usage des bains de César. Nous devons dire que bien souvent ils ne nous ont pas réussi, et que nous avons retiré des effets beaucoup plus avantageux des bains du grand établissement.

Seulement, ceux-ci doivent être d'une durée assez prolongée et pris à eau dormante. S'ils excitent tout d'abord, par leur chaleur et l'acide carbonique qu'ils renferment, ils deviennent sédatifs du moment où on prolonge leur durée et où on laisse l'eau perdre une partie de son gaz.

Il est rare, du reste, que vers le milieu du traitement l'on ne puisse arriver avec précaution à faire prendre les bains à eau courante. Le corps subit peu à peu une espèce d'accoutumance, et le système nerveux calmé et régularisé, arrive à supporter ce qu'il ne pouvait tolérer tout d'abord.

Il en est de même pour l'eau en boisson. L'eau de César, beaucoup moins chargée de principes minéraux et plus forte en gaz carbonique, semblerait devoir être pour les estomacs susceptibles d'une digestion plus facile. C'est une erreur ; nous avons vu nombre de malades à qui l'eau de César pesait, digérer avec la plus grande facilité la même quantité d'eau de la Grande Source.

Nous n'avons pu attribuer cette différence qu'aux 6° de chaleur que cette dernière source possède en plus que la première. Le calorique est pour l'estomac un stimulus qui active la digestion.

Du reste, rien de capricieux comme les estomacs dyspeptiques, et pour les médecins appelés à les soigner c'est à chaque fois des tâtonnements nouveaux.

Chez certains malades l'influence du traitement se traduit par une sédation immédiate ; dès les premiers jours les souffrances gastriques et intestinales se calment, les digestions se font en silence, et la constipation, compagne ordinaire de la dyspepsie, diminue : mais il est quelques personnes chez lesquelles l'amélioration doit être précédée d'une recrudescence générale de tous les accidents nerveux ; nous en avons un exemple dans l'observation XXIe. Chez elle, les douleurs, les crampes, les vomissements, les aigreurs, la pneumatose, reprennent avec une notable intensité. Elle parcourt en quelques jours tout le cycle des troubles nerveux qu'elle a éprouvés.

Généralement ces personnes, découragées, sont disposées à abandonner un traitement qui, disent-elles, leur est contraire. Il faut que le médecin les encourage, les raisonne, et arrive à les convaincre que cette recrudescence est plutôt utile que nuisible. Elle est une preuve que l'eau agit énergiquement sur elles, et dès lors il y a les chances les plus grandes pour que leurs maux soient améliorés. Il faut qu'elles s'arment de courage et qu'elles persévèrent ; le succès est à ce prix et elles en seront récompensées plus tard.

En parcourant la liste des quarante-quatre dyspepsies que nous avons données précédemment, il est facile de voir que presque toutes se lient à deux causes principales, ou bien la chloro-anémie, ou la diathèse arthritique. En dehors de cela, nous ne trouvons plus que quelques cas d'affections utérines ou de constitution nerveuse exagérée. C'est-à-dire que les causes productrices, chloro-anémie, arthritis, sont précisément celles que nous avons indiquées dans tout le cours de ce travail, comme devant constituer la clientèle spéciale de Royat. C'est probablement à cela que nous devons la proportionalité assez grande d'améliorations que nous avons obtenues.

Mais, cependant, nous devons remarquer que sur les dix insuccès signalés, nous avons trois malades atteints d'arthritis, et trois de chloro-anémie. Cela suffirait pour nous forcer à apporter une certaine réserve dans nos conclusions, et justifierait ce que nous avons dit plus haut. C'est que la dyspepsie, une fois formée, constitue une affection nouvelle, et jusqu'à un certain point indépendante de sa cause première.

CHAPITRE III.

Maladies des organes génito-urinaires.

Les maladies des organes génito-urinaires, quoique constituant une classe bien tranchée, se rattachent par trop de liens aux chloro-anémies et aux névroses pour que nous ne les mettions pas après celles-ci.

Les eaux de Royat n'ont pas d'action spéciale contre ce genre de lésions; mais la chloro-anémie joue un rôle trop important, soit comme cause productrice, soit comme accident consécutif dans les affections des organes de la génération, pour que des eaux qui agissent énergiquement contre ce dernier état, ne puissent dans certains cas rendre des services marqués.

Nous ne dirons rien des affections des voies urinaires proprement dites, elles ne sont pas envoyées à Royat, et nous n'avons pas été appelé à en soigner. Cependant nous avons vu deux malades qui, ayant eu quelques années auparavant des cystites cantharidiennes, ont été repris de quelques symptômes de catarrhe vésical sous l'influence d'un traitement thermal dirigé contre d'autres accidents. Une courte interruption dans l'usage des eaux a suffi pour faire disparaître cette manifestation momentanée.

Pour les organes génitaux, les seules affections que nous ayons été appelé à soigner, sont des spermatorrhées chez les hommes, et chez les femmes, des engorgements utérins avec leur accompagnement de pertes blanches et de troubles nerveux de toutes sortes. Ce sont aussi les seules dont nous nous occuperons dans ce chapitre, ne voulant parler que des faits par nous observés.

Spermatorrhée.

La spermatorrhée est une affection beaucoup plus commune qu'il ne le semblerait au premier abord ; seulement, les malades répugnent en général à l'avouer et ce n'est que lorsqu'elle a duré déjà un certain temps et entraîné des accidents variés, que les individus viennent se confier à leur médecin. — De tous les accidents qui peuvent en être la conséquence, celui qui préoccupe le plus les malades et qui les porte le plus ordinairement à ne plus céler leur position, c'est l'état d'impuissance auquel ils se trouvent bientôt réduits.

C'est **M.** Lallemand qui, le premier, a appelé la sérieuse attention des médecins sur cette affection qui finit par entraîner les accidents les plus graves. Depuis cette époque, tous les auteurs s'en sont occupés. M. Trousseau a consacré une des leçons de sa clinique médicale à l'étude de cette maladie.

Nous n'avons pas à nous occuper des accidents qui peuvent en être la conséquence et qui sont connus de tous. Quant aux causes, elles sont fort nombreuses et le traitement doit se modifier proportionnellement, mais quelle que soit l'origine du mal, il finit, en se prolongeant, par entraîner une débilité générale , un état d'épuisement de l'organisme, et par suite une perturbation du système nerveux qui donne lieu aux phénomènes pathologiques les plus variés ; l'estomac fonctionne mal, l'appétit se perd, et le malade arrive ainsi à un état de faiblesse et de dépérissement qui exige impérieusement un traitement actif.

En dehors des causes générales, telles que l'hérédité, l'influence des mariages consanguins, les affections étrangères entraînant par action réflexe des pertes séminales, toutes causes que M. Trousseau a étudiées dans sa clinique, nous pouvons dire que ce sont les excès auxquels les jeunes gens ne sont que trop portés, qui entraînent le plus ordinairement l'atonie des vésicules séminales, et par suite les pertes qui en sont la conséquence.

Nous avons eu aussi l'occasion de voir assez souvent cette maladie chez des individus préalablement débilités par des causes générales et principalement par un séjour trop prolongé dans les pays chauds.

Sans nier que les excès auxquels on n'est que trop porté dans ces régions n'aient pu contribuer à la production de la spermatorrhée, nous l'avons pourtant observée plusieurs fois chez des individus vivant de la manière la plus tempérante. Il est donc pour nous impossible de contester l'influence comme cause productrice de ces températures élevées qui jettent l'organisme tout entier dans un état de débilité profonde en détruisant toute force de réaction.

Quelle que soit la cause déterminante de la maladie, il est incontestable que l'atonie y joue un rôle prépondérant au début. Plus tard, cette atonie se généralise par l'épuisement qu'entraînent les pertes séminales, et il est rare que le système nerveux ne vienne pas alors compliquer l'état du malade en donnant lieu aux troubles les plus variés.

Rendu à ce point, le mal réclame, en outre des moyens locaux usités, un traitement tonique et fortifiant qui puisse combattre la débilité générale et par voie de conséquence réagir sur les organes malades.

Ce traitement général est tellement utile qu'on peut quelquefois, grâce à lui, se dispenser d'avoir recours à tout traitement local.

L'hydrothérapie est au premier rang, selon nous, des médications que l'on doit employer. La température très-basse de l'eau, la projection de celle-ci sur la peau, occasionnent des réactions énergiques et produisent une excitation salutaire.

Cependant, nous avons appliqué à ces malades, concurremment avec l'hydrothérapie, le traitement thermal de Royat, l'eau en bains et en boisson et nous n'avons eu qu'à nous en louer.

Par le gaz que renferme l'eau thermale, les bains peu prolongés agissent sur l'enveloppe cutanée à la façon des stimulants et sont un adjuvant utile à l'emploi de l'eau froide. Quant à l'eau prise en boisson, elle contribue à fortifier l'organisme. C'est donc un traitement tonique et fortifiant que nous employons *intus et extra*.

Nous allons rapporter quelques exemples que nous avons été appelé à soigner et nous verrons l'influence produite sur ces malades par le traitement auquel nous les avons soumis.

XXIIIe OBSERVATION.

M. J., 34 ans. Constitution délicate; tempérament lymphatique; santé en général assez bonne.

A été atteint, il y a dix ans, d'une spermatorrhée attribuée par le malade à la continence. Après avoir disparu pendant trois ou quatre ans, à la suite du mariage cette affection serait revenue et dure depuis deux ans quand il vient à Royat.

Les pertes ne sont pas journalières ; elles durent parfois pendant quinze jours ou un mois, et disparaissent ensuite pendant un laps de temps égal. La défécation les occasionne le plus ordinairement.

Le résultat de cette maladie a été pour le patient un amaigrissement considérable, des douleurs stomacales, des digestions pénibles, un poids à l'épigastre, des éructations, etc.

En même temps douleurs continues dans la région lombaire; sentiments de faiblesse; impuissance; sensation de vague dans la tête; diminution de la mémoire; étourdissement; travail pénible : manque d'appétit.

Nous soumettons ce malade à un traitement consistant en douches froides sur tout le corps; bains de siége froids. Bains de César de vingt minutes. Frictions énergiques sèches. Eau en boisson.

Au bout de vingt-quatre jours de traitement, M. J. se trouve assez bien; il a repris un peu de force et d'appétit. Les pertes séminales n'ont pas reparu pendant tout ce temps, mais la douleur lombaire persiste encore.

Les fonctions stomacales se font mieux.

RÉFLEXIONS. — Nous trouvons chez ce malade une cause que nous ne retrouverons plus dans les obser-

vations suivantes : la continence, due à des idées reli _
gieuses assez exaltées. Les pertes séminales qui , au
début étaient plutôt salutaires que nuisibles, ont fini par
devenir morbides. Interrompues par le mariage, elles
sont revenues de nouveau après le veuvage et ont fini
par jeter le malade dans un état nerveux dont notre
observation ne rend compte qu'incomplétement. C'était
un singulier mélange d'épuisement du corps et d'exaltation de la tête qui n'était réellement bien appréciable
que dans la conversation.

Le traitement auquel nous l'avons soumis a arrêté
tout au moins momentanément les pertes séminales, et
même amélioré un peu l'état général du malade et ra-
nimé les forces. Mais il n'a pu détruire la fatigue lombaire et calmer l'exaltation de la tête. Quant à l'impuissance elle n'a pas été modifiée.

Depuis cette époque, nous n'avons plus entendu parler de ce malade.

XXIVᵉ OBSERVATION.

M. S., 34 ans. Constitution robuste. Tempérament lymphatico-sanguin.

Depuis huit ans, atteint de spermathorrée due à l'onanisme.
Le résultat de cette affection a été un affaiblissement du
système nerveux.

Traité par le catéthérisme et les cautérisations, les pertes
séminales ont à peu près disparu ; il ne reste plus qu'un peu
de suintement, principalement pendant la défécation, et surtout une impuissance qui contrarie fort le malade.

L'état général est bon ; les forces sont complètes ; il ne se
ressent plus des troubles nerveux antérieurs.

Même traitement que pour le précédent malade.

Au bout de vingt-huit jours, M. S. nous quitte : les eaux
ne paraissent lui avoir rien fait. Le suintement continue et
la frigidité est toujours la même.

Réflexions. — Le malade présent, à l'opposé du précédent, était aussi fort et robuste que possible. Avant de venir aux eaux il avait été longuement traité par les moyens locaux et généraux, et les pertes avaient disparu ainsi que les troubles nerveux qui en étaient la conséquence. Ce qui lui restait était peu de chose, mais ce qui le tourmentait et l'avait décidé à venir à Royat était le désir de faire disparaître la frigidité qui lui restait.

Sous ce rapport, nous ne sommes arrivé à aucun résultat. Il est probable que cet état aura disparu plus tard de lui-même, la cause déterminante étant détruite, mais les eaux n'y auront pas contribué.

Du reste, ce fait s'est représenté dans toutes nos observations. Dans celle qui précède et dans celle qui va suivre, nous verrons le traitement réussir parfaitement à faire disparaître la spermatorrhée, sans que l'impuissance ait été modifiée (1). Cette marche de la guérison n'a rien qui doive surprendre, la spermatorrhée est la maladie fondamentale ; la frigidité n'est que la conséquence des pertes trop répétées et de l'épuisement du système nerveux. Il est évident qu'un traitement de vingt à trente jours réussit déjà parfaitement quand il arrive à arrêter les pertes séminales. Pour que la frigidité disparaisse, il faut que l'organisme tout entier se remonte, que le système nerveux épuisé retrouve son énergie naturelle. Or, ceci ne peut se faire que lentement, mais se fait tout naturellement, dès que la cause énervante, la spermatorrhée, a disparu.

(1) Nous n'avons plus entendu parler de notre premier malade; mais, depuis la rédaction de ce travail, nous avons appris que le sujet de la présente observation était bien radicalement guéri tant des restes de la spermatorrhée que de l'impuissance qui en était la conséquence.

XXVe OBSERVATION.

M. L., 38 ans. Constitution moyenne. Tempérament lymphatico-nerveux. A séjourné pendant treize ans dans les pays intertropicaux.

Quoique menant une vie fort régulière, M. L. a été atteint, dans les dernières années de son séjour, d'une spermatorrhée peu grave d'abord, et à laquelle il n'attacha nulle importance. Plus tard, éprouvant de la lassitude et des douleurs lombaires, il employa les bains de mer qui, pendant un ou deux ans, empêchèrent le mal de s'aggraver, mais sans le guérir.

Enfin, dans la dernière année de son séjour dans les pays chauds, le mal a pris plus d'intensité. Pertes fréquentes, involontaires. Impuissance complète. Douleurs lombaires, lassitude, essoufflement, palpitations, et dans les derniers temps, troubles cérébraux poussés jusqu'à de courts accès de démence dont le malade se rend compte.

Appétit excellent, pas de troubles dyspeptiques : nuits mauvaises, sommeil agité. Cauchemars.

Traité à Royat par les douches froides, les bains et l'eau en boisson pendant tout un mois.

Amélioration considérable : le malade engraisse, les pertes disparaissent, la fatigue, les lassitudes aussi : les nuits sont meilleures, moins agitées : cependant, il y a toujours quelques troubles cérébraux. La frigidité persiste au grand désespoir du malade.

RÉFLEXIONS. — Nous avons à présenter ici un cas de succès complet, car, connaissant le malade, nous avons pu, depuis cette époque, avoir souvent de ses nouvelles. La disparition des pertes séminales a été le premier fait observé : les troubles nerveux ont été beaucoup plus tenaces et ils ont persisté encore pendant trois ou quatre mois après le départ des eaux. Ils ont disparu alors entièrement, la frigidité a cédé vers la même époque.

Quant à la cause de cette maladie, nous ne pouvons

l'attribuer à des excès auxquels le malade ne se livrait pas. Pour nous elle est uniquement dans la débilité générale occasionnée par un trop long séjour dans les pays tropicaux, séjour qui, en affaiblissant la constitution, ouvre la porte à tous les troubles de l'innervation.

Nous pourrions joindre ici quelques autres cas de cette affection qui n'est pas très rare aux eaux de Royat, car il n'y a guère d'années où nous ne soyons appelé à en soigner quelques-unes. Quant aux résultats, ils ont été ce qu'ils sont pour les autres maladies. Quelques insuccès, un certain nombre d'améliorations et aussi plusieurs cas de succès complet.

Ce qui gêne le plus dans ces cas, c'est que généralement on perd de vue les malades et qu'on reste dans l'ignorance sur les conséquences définitives du traitement.

Affections utérines. — Engorgements. — Catarrhes. États névropathiques.

Il est peu de femmes ayant eu des enfants, qui, arrivées à un certain âge, ne présentent quelques manifestations morbides du côté des organes génitaux. Le plus grand nombre se trouvent atteintes de pertes blanches, et il est indubitable que la plupart du temps cette sécrétion se lie à un engorgement plus ou moins prononcé du col utérin.

Mais quand ces pertes ne sont pas trop fortes, quand elles ne retentissent pas trop sur la constitution, et surtout quand elles ne s'accompagnent pas de douleurs locales, les femmes s'en préoccupent généralement peu et se bornent à de simples moyens palliatifs.

Mais il arrive aussi que les pertes blanches coïncident

avec des douleurs dans les reins et les aînes, de la pesanteur dans le bas-ventre, une difficulté dans la marche, etc., en un mot, avec tous les symptômes caractéristiques d'une lésion utérine. Presque toujours alors l'affection de la matrice réagit sur la santé générale, principalement sur les organes digestifs, et entraîne, par voie de conséquence, des troubles dyspeptiques des plus intenses, tels que de la pesanteur, des étouffements, des rapports, des palpitations, etc.

Rendues à ce point, les malades se trouvent vaincues par le mal et obligées de se soumettre à un traitement régulier pour diminuer leurs souffrances.

Les lésions morbides peuvent se rencontrer soit dans l'utérus lui-même, soit dans ses annexes. Dans le premier de ces organes, on peut trouver des ulcérations, des granulations du col. Mais en général, quand les malades viennent aux eaux, elles ont déjà été traitées régulièrement et depuis longtemps : aussi la plupart du temps le médecin ne se trouve plus qu'en présence d'une seule lésion, un engorgement soit de l'organe entier, soit, comme cela a lieu plus souvent, du col seulement. Un catarrhe utérin, plus ou moins abondant, accompagne presque toujours cette métrite chronique.

A l'examen direct, on trouve un organe hypertrophié, deux lèvres épaisses, saillantes, quelquefois molles, plus souvent indurées ; leur coloration, parfois naturelle, est souvent d'un rouge foncé, violacé.

Quand l'affection a duré pendant un long temps, et c'est le cas pour les malades que nous avons occasion de soigner aux eaux, elle a fini par entraîner des troubles nerveux. Les fonctions digestives se font mal ; les règles ont perdu leur régularité ; parfois elles prennent une abondance exagérée ; dans d'autres circonstances, on se trouve en présence de l'aménorrhée. On conçoit qu'un pareil état ne peut se prolonger bien longtemps, sans que la santé générale ne s'en ressente.

Or, plus les symptômes généraux s'accroissent, plus l'amaigrissement et la débilité générale s'augmentent, plus l'engorgement devient considérable sous l'influence des congestions mensuelles. Et plus celui-ci augmente, plus augmentent du même coup les troubles de la digestion, de la circulation et de l'innervation.

Arrivés à cet état, les engorgements utérins constituent souvent des affections incurables, et le seul résultat auquel peuvent arriver les médecins, c'est de pallier le mal local et d'atténuer les phénomènes généraux qui, lorsqu'ils ont atteint une grande intensité, doivent être regardés comme la maladie principale et traités comme tels.

C'est surtout dans ces cas chroniques graves que les eaux minérales retrouvent toute leur efficacité.

Elles agissent comme traitement général, elles fortifient l'organisme, tempèrent les troubles nerveux, régularisent les fonctious digestives et rendent la position des malades plus tolérable.

Elles ne sont pas non plus sans action locale sur les engorgements utérins, mais encore faut-il que ceux-ci ne soient pas trop anciens; autrement il est rare que l'on trouve des modifications de volume et de densité sensibles, alors même que les malades éprouvent un sentiment d'amélioration générale.

Quoique les eaux de Royat ne soient pas du nombre de celles qui sont spécialement préconisées pour ce genre d'affections, il n'est pas d'année où nous ne soyons appelé à en soigner quelques-unes. Combien de femmes venues pour de tout autres affections qui nous font l'aveu de lésions utérines que nous ne pouvons constater par l'examen direct, mais qui sont clairement démontrées par la symptômatologie et pour lesquelles elles nous demandent un traitement spécial.

Comme nous n'avons pu constater le mal à l'arrivée, nous ne pouvons pas davantage constater les résultats au départ, mais beaucoup de femmes nous déclarent se trouver mieux ; les pertes blanches ont diminué; les douleurs de reins et du ventre sont moins pénibles ; l'état général s'est modifié, et, en somme, le traitement a amélioré la position des malades.

Cependant, il en est quelques-unes, venues uniquement pour cette affection, qui se soumettent aux examens et au traitement nécessaire pour leur maladie, et c'est parmi celles-ci que nous choisirons les exemples que nous allons présenter.

XXVIe OBSERVATION.

Mme B., 31 ans. Constitution moyenne. Tempérament lymphatique. Atteinte, à la suite de couches, d'une métrite chronique qui dure depuis dix ans.

Cette affection, d'abord peu intense, a pris peu à peu de la gravité, et en est arrivée à empêcher la marche et à rendre cette dame impotente.

Depuis dix-huit mois, elle est soumise à un traitement régulier qui a consisté en cautérisations par le fer rouge et la teinture d'iode, en un repos absolu et diverses médications internes.

Sous l'influence de ce traitement, l'état s'est modifié ; les pertes sanguines qui épuisaient la malade ont disparu ; les règles ont été moins douloureuses que par le passé. La santé est devenue meilleure et la malade a pu marcher un peu.

A son arrivée à Royat, nous constatons l'état suivant :

Pâleur et décoloration des tissus, dyspepsie stomacale avec pneumatose, éructations, gonflement épigastrique ; palpitations ; souffle chloro-anémique, douleurs vives dans les reins, le bas ventre et les aines. Difficulté à marcher. Règles régulières mais un peu décolorées. Pertes blanches continuelles et abondantes. Bon appétit. Constipation.

A l'examen, nous trouvons la matrice ayant à peu près le volume du poingt, très dure, surtout du côté droit, indolore ; le col est dur et insensible, en partie détruit par les cautérisations. La lèvre postérieure, plus longue que l'antérieure, est volumineuse. L'organe entier est en antéversion prononcée.

Nous soumettons Mme B. à un traitement composé d'hydrothérapie le matin, et le soir d'un grand bain minéral avec douches vaginales. De l'eau en boisson, une bonne nourriture et de petites promenades.

Après vingt-cinq jours de traitement, elle nous quitte se sentant beaucoup mieux ; la marche est bien plus facile, quoiqu'elle éprouve encore des douleurs dans le ventre et les reins. Les pertes blanches ont beaucoup diminué. La dyspepsie a cédé : les forces sont meilleures, moins d'essoufflement.

Les règles, venues dans les derniers temps du séjour, ont ramené les pertes blanches. Quant à l'utérus, il ne paraît pas avoir éprouvé de modifications.

Mme B. nous revient l'année suivante. La santé a continué à s'améliorer pendant l'hiver ; elle a engraissé. Elle marche plus facilement ; elle souffre moins du ventre et des aines, mais elle a toujours quelques douleurs dans la région sacrée et dans le flanc droit, et se fatigue assez vite. Les règles toujours un peu pâles, mais moins que l'année précédente, sans douleurs. Pertes blanches abondantes. Depuis un mois, retour des troubles gastriques et des palpitations.

La matrice a conservé son volume de l'année dernière ; elle est toujours en antéversion, les lèvres sont grosses, dures, irrégulières ; l'ouverture est béante, rougeurs violacées au pourtour. On sent à droite l'engorgement des ligaments larges.

Soumise au même traitement pendant ving-huit jours. Se trouve de nouveau fortifiée; l'estomac s'est rétabli; les pertes blanches qui avaient diminué ont repris avec le retour des règles. Celles-ci ont été assez pénibles, mais plus colorées que les précédentes.

La matrice est toujours aussi volumineuse ; le col a acquis une certaine sensibilité. Toujours quelques douleurs lombo-sacrées.

RÉFLEXIONS. — Nous avons ici un exemple de ces affections utérines qui, incomplétement traitées pendant de longues années, finissent par acquérir pour ainsi dire droit de cité et deviennent incurables. Il est indubitable que jamais Mme B. ne guérira complétement de cet engorgement utérin négligé pendant huit ans. Le traitement énergique auquel elle s'est soumise depuis dix-huit mois, a bien pu améliorer son état, amender les troubles de l'innervation et permettre à la malade l'exercice de la marche, impossible auparavant; mais il n'a pu procurer la résolution d'un engorgement dur, et qui n'a plus désormais rien d'inflammatoire.

Lorsque la malade nous arrive à Royat, elle est déjà mieux que précédemment, mais il lui reste de la dyspepsie, des palpitations et de la chloro-anémie. C'était pour modifier l'état général qu'elle nous était adressée et c'est le but que nous nous sommes proposé en instituant le traitement.

Nous y avons réussi dans les limites du possible ; les phénomènes dyspeptiques ont disparu, le sang est devenu plus coloré, la malade a pris de la force, elle a moins souffert du ventre.

Nous avons essayé aussi d'agir localement sur l'organe malade induré et insensible, en instituant une espèce d'irritation continue avec l'eau thermale à la température native. Nous comptions sur la stimulation produite par le choc de l'eau et par le contact du gaz carbonique. Ce traitement, qui n'a eu aucun mauvais effet, n'a pourtant pas amené la résolution de l'organe, mais il a eu pour effet de diminuer les pertes blanches. Malheureusement la menstruation, en occasionnant un afflux sanguin dans ces parties a détruit l'effet de ces injections et provoqué le retour de la leucorrhée.

La seconde année, le résultat a été absolument le même.

Notons, néanmoins, qu'entre la première et la deuxième année, la malade a obtenu une amélioration qui a été durable. Ainsi elle a engraissé, elle a pu marcher plus facilement, le sang menstruel est devenu plus coloré. Mais, malheureusement, les phénomènes locaux n'ont pas été modifiés.

Il est permis de supposer qu'il en eût été autrement si la malade était venue aux eaux huit ou neuf ans plus tôt.

C'est bien là un de ces cas signalés par les auteurs, où le mal devenu incurable reste au-dessus des ressources de l'art et entraîne des phénomènes pathologiques secondaires qui finissent par constituer la maladie principale et réclament tous les soins du médecin.

XXVIIe OBSERVATION.

Mme R., 35 ans. Constitution robuste. Tempérament lymphatico-sanguin. Père rhumatisant.

A été atteinte, il y a quatre ans, d'un rhumatisme articulaire. Il y a trois ans, plusieurs érysipèles de la tête.

Depuis seize ans, date de son unique couche, éprouve des

douleurs lombaires et inguinales qui ne l'ont jamais forcée à s'arrêter. Peu à peu, ses règles toujours très régulières, se sont décolorées et sont accompagnées de fortes tranchées.

Il y a un an, a éprouvé de très vives douleurs de matrice qui l'ont décidée à se faire soigner. Avait des ulcérations superficielles qui ont disparu par des cautérisations.

Venue à Royat, nous trouvons : douleurs abdominales modérées, mais constantes ; douleurs dans les aines et les reins. Pas de flueurs blanches, règles pâles. Douleurs depuis quelques jours dans le bras droit. Estomac mauvais ; digestions difficiles, pesanteurs, étouffements. Palpitations. Pas de bruit de souffle.

A l'examen direct : matrice volumineuse et insensible. Lèvres grosses, saillantes, dures, surtout l'antérieure qui est proéminente : rougeurs au pourtour de l'ouverture du col.

Traitée par les grands bains, les injections et l'eau en boisson.

Cette malade séjourne un mois à Royat. A son départ, l'estomac est rétabli, les digestions sont devenues faciles. Les douleurs de reins ont presque disparu, mais celles du ventre et des aines ont persisté. Elles ont même éprouvé une forte recrudescence au dernier moment par suite de l'apparition des menstruses.

Les douleurs rhumatismales, réveillées par les bains, ont reparu dans les épaules et les muscles pectoraux, mais elles ont cédé avant la fin du traitement.

En somme, amélioration dans les phénomènes secondaires, mais peu de changement dans l'état principal ; tel est le résultat de cette saison thermale.

RÉFLEXIONS. — Cette dame, ayant été perdue de vue depuis cette époque, nous ignorons quels ont été les effets consécutifs du traitement. Mais, à en juger par les faits observés, il est à présumer que nous aurons les mêmes résultats que dans l'observation précédente. C'est à dire que les troubles nerveux de la digestion et du cœur auront été modifiés en bien, mais que l'influence du traitement aura été nulle sur la lésion locale. L'apparition des règles ne nous a pas permis de constater où elle en était au moment du départ, mais il serait bien surprenant qu'un mois de traitement eut amené un changement dans un engorgement datant de seize années.

Seulement, nous avions affaire à une personne plus robuste que la précédente, et la maladie, quoique plus ancienne, n'avait pas atteint les mêmes proportions, aussi les troubles consécutifs étaient-ils beaucoup moins intenses. La marche, impossible chez Mme B., était facile et non douloureuse chez celle-ci ; quoique la décoloration des règles fut plus prononcée dans le cas présent, pourtant les phénomènes nerveux et le souffle carotidien étaient moins forts, et, en somme, cette dame était beaucoup moins malade que la première. L'explication de cette différence nous paraît résider dans l'absence d'écoulement leucorrhéïque chez notre dernière malade, tandis qu'il a toujours été abondant chez la première. Or, on sait qu'elle est l'action débitante de cette sécrétion anormale.

XXVIIIe OBSERVATION.

Mme L., 24 ans. Constitution frêle et délicate. Tempérament nerveux. A donné dans sa jeunesse de grandes inquiétudes pour sa poitrine.

Accouchée il y a deux ans. Pendant sa grossesse, a été fatiguée par des troubles digestifs et surtout des crampes d'estomac sans vomissements et sans perte d'appétit.

Depuis ses couches, les phénomènes dyspeptiques ont continué, mais moins forts. La malade se sent faible, nerveuse. Elle est atteinte d'un engorgement utérin constaté par son accoucheur. Pertes blanches abondantes. Douleurs faibles dans les reins et le bas ventre. Règles irrégulières sans décoloration.

Venue à Royat une première année, s'en est très bien trouvée : les règles se sont régularisées, la force est revenue : Mme L. a engraissé. Les douleurs épigastriques ont beaucoup diminué : les douleurs utérines et la leucorrhée sont moins prononcées.

Revenue à Royat l'année suivante, Mme L. est en bon état de santé. Les forces se sont maintenues, les règles viennent très régulièrement, mais sont un peu douloureuses. Il y a toujours de l'engorgement utérin avec leucorrhée. Enfin, elle ressent de temps à autre des douleurs épigastriques.

Nous la soumettons au même traitement que les précédentes.

Part après vingt-quatre bains. Ne souffre pas du ventre et est restée près d'un mois sans pertes blanches. Bon appétit ; les douleurs de l'estomac ont presque disparu. La malade a repris des couleurs.

Depuis cette époque nous savons que cette jeune femme est restée assez bien portante et a eu une nouvelle grossesse.

RÉFLEXIONS. — La dame qui fait le sujet de cette observation n'ayant point été visitée par nous ni à l'arrivée ni au départ, nous ne pouvons savoir que vaguement l'état dans lequel elle se trouvait, mais elle avait été vue par son médecin ordinaire et elle était très positive dans ses dires, quant à l'existence d'un engorgement utérin. Du reste, les symptômes présentés venaient bien à l'appui de cette assertion.

Sa venue à Royat avait pour but de traiter moins l'affection utérine que les troubles de l'estomac. Or, quoique ceux-ci eussent été éveillés par la perturbation générale occasionnée par la grossesse, il est évident pour nous qu'après l'accouchement ils ont été entretenus par la lésion utérine et la [leucorrhée abondante. Il ne suffisait donc pas de traiter l'estomac, il fallait agir aussi sur l'organe lésé, et c'est dans ce sens que nous avons dirigé notre médication.

Il est certain que le traitement a eu des effets avantageux pour notre malade. Ainsi, il y a eu régularisation des menstrues, retour des forces et des couleurs, diminution marquée des crampes d'estomac. Il y a même eu suppression de la leucorrhée pendant un temps assez long et diminution de la sensibilité du ventre.

Nous ignorons si ces résultats ont été durables, mais nous savons très-bien que la santé générale est restée bonne depuis et qu'elle l'est encore aujourd'hui malgré une nouvelle grossesse.

Des faits analogues à ceux que nous venons de rapporter se sont présentés très-souvent dans notre pratique. Chaque année nous sommes appelé à soigner incidemment des altérations utérines semblables à celles-ci, et le plus ordinairement nous arrivons à diminuer les douleurs et la leucorrhée, ainsi qu'à reconforter la constitution et à modifier les perturbations nerveuses.

Mais nous restons dans l'ignorance de savoir si le traitement a produit une diminution de l'engorgement utérin. Venues aux eaux pour d'autres affections, ces personnes ne veulent pas entendre parler d'un examen toujours pénible, et l'on est réduit à les traiter en se basant pour le diagnostic sur les symptômes signalés par elles.

Les bains prolongés et l'hydrothérapie sont au premier rang des moyens que nous utilisons pour le traitement de ces affections. L'un et l'autre agissent en tonifiant, en calmant les troubles du système nerveux.

Quand la lésion utérine est ancienne, l'hydrothérapie constitue même presque la seule ressource à laquelle on puisse avoir recours. C'est le moyen le plus puissant qu'on puisse employer pour agir sur la constitution des personnes atteintes de ce genre d'affections et débilitées par les longues souffrances et les écoulements leucorrhéïques qui en sont la conséquence.

Cependant, l'emploi des eaux, toujours fortifiantes, constitue un adjuvant qui n'est point à dédaigner, et c'est à ce titre que nous croyons à l'utilité des eaux de Royat.

L'emploi de nos eaux, sous forme d'injection, nous a paru aussi avoir une action favorable pour le traitement de ces affections, et parfois, au lieu des injections simples, nous avons employé avec avantage de véritables irrigations continues au moyen de l'eau minérale à sa température native et sans aucune déperdition de gaz. C'est surtout dans les vieux engorgements parenchymateux que nous avons mis en pratique ce procédé.

L'action de l'eau sous cette forme nous paraît être multiple. Par son gaz carbonique, l'eau agit sur le système utérin comme un anesthésique, et diminue les douleurs si fréquentes que ressentent les femmes, tandis que les principes astringents doivent contribuer à resserrer les tissus, à réveiller leur vitabilité et à diminuer la leucorrhée.

Ce genre d'irrigation nous a plusieurs fois parfaitement réussi, à condition de ne l'employer que dans des cas très-anciens, car il faudrait savoir s'en abstenir, si l'on pouvait croire à l'existence d'un reste de principe inflammatoire. Elle pourrait ramener le mal à un degré d'acuité trop grand et dépasser le but qu'on voulait atteindre.

Le traitement hydro-thermal guérit-il les affections utérines ?

La chose est peut-être possible quand le mal est encore récent, que les lésions utérines sont peu graves et la santé générale intacte. Mais, dans le cas de ces vieux engorgements qui sont si fréquents dans la pratique, et que les femmes supportent sans se plaindre aussi longtemps qu'elles le peuvent, il n'en est plus de même. Tous les traitements locaux sont à peu près également impuissants.

Mais ces affections amènent à leur suite une foule de perturbations dans le système nerveux et circulatoire, et c'est contre ces lésions secondaires que le traitement thermal réussit fort bien.

CHAPITRE IV.

Goutte et Rhumatisme.

Ce que nous avons dit au commencement de ce travail relativement aux indications curatives des eaux de Royat contre l'arthritis, nous dispense de toute discussion théorique au sujet de l'emploi de ces eaux contre la goutte et le rhumatisme. Que ces deux maladies constituent deux entités morbides distinctes, ou bien qu'elles ne soient l'une et l'autre que des manifestations différentes d'un seul principe morbifique, l'*arthritis*, ainsi qu'à l'exemple de bien d'autres, nous sommes disposé à l'admettre, le fait importe peu en ce moment.

Ce qu'il y a de certain, c'est que l'une et l'autre maladie constituent, par leur imprégnation de l'organisme entier, un état diathésique qui peut se manifester par les formes extérieures les plus variées, et contre lequel la station thermale de Royat jouit de propriétés rendues indubitables par de nombreux succès.

Or, il semblerait que si le traitement est aussi avantageux contre les manifestations diverses de la diathèse, il doit à bien plus forte raison être bon contre l'état fondamental, contre la manifestation franche de la maladie, en un mot, contre la goutte et contre le rhumatisme.

Si nous acceptons cette opinion sans réserve pour ce dernier, il n'en est plus de même pour la goutte ; et nous allons expliquer les motifs des restrictions que nous croyons devoir formuler dans cette dernière maladie.

Le rhumatisme, que nous regardons comme une forme particulière de la diathèse arthritique, peut se porter sur les articulations ou sur le système nerveux, et dans l'un et l'autre cas, il est susceptible de métastase. C'est ainsi que les manifestations rhumatismales sur le cœur et sur le cerveau constituent une des affections les plus graves.

Mais ces métastases n'ont lieu que dans la période aiguë de la maladie, et nous ne connaissons pas d'exemples de semblables transformations pendant la période de chronicité. Or, comme celle-ci est seule relevable des eaux minérales, il n'est donc pas à crainde de voir se produire des accidents graves pendant le traitement thermal. Il en résulte qu'on peut toujours employer les eaux minérales pour combattre les formes diverses du rhumatisme proprement dit, pourvu que celui-ci soit tout à fait chronique.

Mais il en est tout autrement pour la goutte. Chronique ou non, celle-ci a une facilité de déplacement qui constitue pour les goutteux un danger permanent, et comme ses métastases se font généralement sur les organes intérieurs et donnent lieu aux accidents les plus graves, il en résulte que ce n'est qu'avec les plus grands ménagements qu'il faut opposer un traitement actif aux manifestations franches de la goutte.

Quand elle se trouve siéger sur une partie où elle ne présente aucun danger, et c'est le cas quand elle est fixée sur les articulations, la plus vulgaire prudence commande de la respecter. Trop d'exemples sont là pour démontrer la sagesse d'une pareille conduite. Que d'individus ont péri victimes de traitements intempestifs! Combien d'autres qui, pour avoir voulu combattre activement une première attaque de goutte fort douloureuse, ont empêché la manifestation franche du mal, et sont restés ensuite en proie aux formes les plus diverses et les plus pénibles de la goutte généralisée.

Autant on peut attaquer sans crainte le rhumatisme chronique le mieux établi, autant l'on doit être prudent quand il s'agit de la goutte.

Mais si celle-ci doit être rejetée quand elle est articulaire, parce que c'est en résumé la forme la moins dangereuse de la diathèse goutteuse, il n'en est plus de même quand on se trouve en présence de ce que nous appelons la goutte larvée, autrement dit quand le malade se trouve envahi par les perturbations variées à l'infini qu'occasionne le principe goutteux non fixé et se portant tour à tour sur les systèmes sanguins nerveux, digestifs ou autres ; car il n'en est aucun qui puisse échapper à l'action de ce protée insaisissable, qui, attaquant tour à tour ou simultanément tous les systèmes, constitue au pauvre patient l'existence la plus misérable.

Dans ces cas là, la goutte étant erratique, le traitement ne peut qu'amortir les manifestations et améliorer la position des malades. On peut agir sans crainte de donner lieu à des métastases dangereuses.

Les règles que nous formulons ici s'appliquent également à toutes les eaux qui sont capables de transformer la goutte franche et fixe, en goutte molle ou erratique. Du reste, ce sont des faits parfaitement connus des vieux goutteux, qui, malgré leurs souffrances, refusent, toujours, et avec raison, toute médication qui pourrait leur occasionner des répercussions intérieures.

Respecter la goutte franche, régulière, fixée sur les articulations ; combattre énergiquement, au contraire, toutes les autres manifestations de la diathèse goutteuse, telle est la règle que l'expérience nous a appris et que nous croyons devoir formuler.

Il y a quelques années, nous avions à Royat un Monsieur venu pour accompagner sa femme, et qui était sujet à des attaques de goutte articulaire qu'il déguisait sous le nom euphémique de rhumatisme. Il crut devoir prendre, sans conseils, une série de bains. Au bout de la saison, il tomba dans un état de pâleur, de faiblesse, d'anéantissement des forces qui nous inquiétèrent. Quoique n'éprouvant aucune douleur, aucun malaise, toute promenade, tout travail lui était devenu impossible. On conçoit combien pareil état dût nous préoccuper. Nous fîmes immédiatement suspendre les bains : nous eûmes recours aux stimulants qui améliorèrent l'état du malade, mais il ne reprit sa bonne santé habituelle que trois mois plus tard, après une attaque de goutte franche.

Cet exemple n'a pas été perdu pour nous, et depuis cette époque nous n'avons plus consenti à laisser faire

un traitement suivi à une personne présentant des attaques de goutte régulière.

Presque toutes les eaux minérales réclament la propriété de guérir les affections rhumatismales, et il semblerait qu'il soit indifférent de diriger les malades vers
telle ou telle station thermale. Nous croyons qu'il y a
dans cette prétention un vice d'interprétation du mode
d'action des eaux.

Dans les manifestations rhumatismales il faut bien
distinguer, entre l'affection qui est la manifestation externe de l'état diathésique, et la diathèse elle-même.
Par leur thermalité, par les moyens balnéaires mis en
usage, on peut arriver près de la plupart des sources à
faire disparaître les manifestations apparentes du rhu-
mathisme, mais aura-t-on modifié le principe morbifique, aura-t-on mis le malade à l'abri pour un temps
plus ou moins long de toute nouvelle poussée du mal?
C'est ce dont il est permis de douter.

La diathèse rhumatismale, de même que la goutteuse, n'est modifiée radicalement que par l'emploi de
la médication alcaline. Elle seule peut atténuer les effets
pathologiques de l'arthritis, et améliorer non-seulement
l'état présent, mais encore l'état futur du malade. Les
eaux alcalines constituent donc la seule thérapeutique
rationnelle du rhumatisme et de la goutte.

Mais toutes les eaux alcalines n'ont pas entièrement
les mêmes propriétés et il y a encore un choix à faire
entre les diverses stations thermales. Chez les malades
à constitution pléthorique, chez ceux que la maladie n'a
pas affaiblis, qui conservent encore les forces et la vi-
gueur de la santé, on peut sans crainte avoir recours
aux eaux alcalines fortes, et dans ce cas Vichy et Vals

possèdent des vertus curatives qu'aucune autre station ne peut contester. Mais quand, par son action profonde et durable, par la fréquence de ses manifestations, par les souffrances qu'elle a occasionnées, la diathèse arthritique a altéré la constitution, appauvri le sang, que les malades en sont arrivés à un état de chloro-anémie prononcée, les eaux purement alcalines seraient alors trop actives, et au lieu d'améliorer, entretiendraient une débilité tout à fait contraire à la guérison des manifestations diathésiques.

C'est alors que les eaux moins fortement alcalines et renfermant des principes toniques retrouvent une efficacité plus grande.

C'est le cas de Royat. Les manifestations rhumatismales et goutteuses liées à un état de débilitation prononcée, y sont traitées avec un succès réel, constaté aujourd'hui par de nombreux faits.

Rhumatisme.

Nous allons maintenant, par quelques observations choisies, montrer les avantages qu'on peut retirer des eaux de Royat dans les cas sérieux de la diathèse rhumatismale.

XXIXᵉ OBSERVATION.

M. V., 63 ans. Constitution moyenne. Tempérament nerveux.

Atteint depuis longues années d'un rhumatisme des muscles des gouttières vertébrales extrêmement grave, qui se lie à de la gravelle. Ce rhumatisme, qui a occasionné parfois des troubles très sérieux dans la santé, a été pris pour un calcul du rein par une de nos célébrités médicales.

Trois saisons à Contrexeville ont modifié favorablement la gravelle, sans toucher en rien au rhumatisme. Envoyé à Royat pour cette dernière affection.

Le malade jouit d'une bonne santé ordinaire ; toutes les fonctions s'accomplissent régulièrement, mais ce rhumatisme lui occasionne des douleurs violentes qui s'exaspèrent sous l'influence des ennuis et des chagrins. Le malade a de la peine à se redresser et éprouve une grande fatigue dans la marche.

Deux saisons à Royat améliorent considérablement cet état ; la douleur lombaire n'a pas tout à fait disparu, mais elle est fort supportable.

Vers la fin de la seconde saison, il survient des douleurs vagues, sourdes, dans les parois thoraciques, douleurs qui étouffent le malade, l'oppressent, le fatiguent. Un mois plus tard, ces douleurs avaient disparu.

Venu une troisième fois aux eaux, M. V. nous déclare qu'il a éprouvé d'excellents résultats de ses deux premières années. Sans être complétement guéri, il n'éprouve plus, cependant, que des douleurs fort tolérables, et la troisième saison est plutôt une mesure préventive qu'un besoin réel.

RÉFLEXIONS. — Les douleurs éprouvées par ce malade étaient si vives, et avaient tellement résisté à tous les moyens employés que, tenant compte de la gravelle antérieure, un praticien des plus éminents avait diagnostiqué un calcul du rein. Sans avoir altéré la santé, ce rhumatisme rendait, cependant, l'existence de ce malade malheureuse ; il a suffi de deux saisons à Royat pour modifier cette diathèse rhumatismale et diminuer sensiblement les douleurs.

C'est aux douches très chaudes que nous attribuons ce dernier effet ; mais si l'usage interne des eaux n'était pas venu atténuer l'état diathésique, il est indubitable qu'au bout de quelques mois nous aurions vu reparaître les douleurs tout aussi violentes que par le passé. Or, c'est ce qui n'a pas eu lieu.

Le malade a pu passer ensuite un hiver très fatiguant,

et pendant lequel il a été soumis à toutes les intempéries de la saison, sans éprouver de malaise et sans voir revenir ses douleurs.

C'était là, nous écrivait-il, une chose dont il ne se serait pas cru capable et dont il attribuait tout l'honneur à Royat. Aussi la précaution d'y revenir une troisième fois a-t-elle été une mesure sage et dont M.V. a de nouveau ressenti les bons effets. Depuis cette époque sa santé est excellente.

XXXe OBSERVATION.

M. de G., 53 ans. Constitution usée. Tempérament biliosonerveux.

A eu dans sa jeunesse de nombreuses affections cutanées, et est atteint depuis longues années de douleurs rhumatismales ayant leur siège de divers côtés.

Depuis quelques mois, les douleurs se sont fixées sur l'épaule gauche et dans la région sacro-lombaire ; elles s'étendent aussi le long du nerf sciatique. Ces douleurs ont été exaspérées par un traitement hydrothérapique qui, bien que sagement dirigé, a eu les résultats les plus favorables.

Ce malade a eu, l'année précédente, un catarrhe vésical et un eczéma dans le dos occupant une vaste surface. Il ressent de temps en temps des points névralgiques de divers côtés.

Tout cet ensemble de maux relève d'une diathèse rhumatismale très prononcée et qui laisse peu de repos à M. de G.

Venu à Royat pour se traiter de cet état si pénible.

A son arrivée M. de G. est pâle, anémié, courbé en deux ; il éprouve une très grande difficulté à porter la main gauche sur sa tête. Déjà, cependant, des bains alcalins ont amélioré sa position, mais la marche lui est encore pénible. Bon appétit, bon sommeil. Toutes les fonctions s'accomplissent régulièrement.

M. de G. est soumis à un traitement comprenant des bains prolongés, des douches à haute température et de l'eau en boisson.

Il fait deux saisons séparées par un repos.

Dès le douzième bain, les douleurs ont diminué sensiblement. Après la première saison, toutes les douleurs ont disparu sauf celle de l'épaule gauche.M.de G.a repris de la force, des couleurs ; il peut faire de longues courses à pied.

A la fin de la deuxième saison, l'état est des plus satisfaisants. Les douleurs lombaires n'existent plus ; l'épaule gauche seule offre encore une certaine raideur. Mais, en résumé, l'amélioration est des plus manifestes, et le malade part très satisfait, se promettant de revenir l'année suivante.

RÉFLEXIONS. — Nous voyons ici un homme atteint d'une diathèse rhumatismale, sujet à des manifestations arthritiques diverses, qui va faire intempestivement un traitement hydrothérapique prolongé. Chez lui les réactions se fesaient mal. Au lieu de se conformer à cette indication et de lui faire cesser une médication dès lors dangereuse, le médecin insiste et le fait persister.Qu'en est il résulté? C'est qu'au lieu d'être atténuées, les manifestations rhumatismales ont été exaspérées et que le malade s'est trouvé pris par des douleurs des plus violentes.

Les effets du traitement ont été tels que nous pouvions l'espérer. Une amélioration manifeste, la disparition à peu près complète des douleurs, le retour des forces et des couleurs.

Ces résultats persistent encore aujourd'hui, six mois après le traitement thermal, et c'est un grand bénéfice obtenu par le malade. Est-ce à dire que les rhumatismes ne paraîtront plus ? Nous ne le pensons pas. Nous ne croyons guère qu'il soit possible d'éteindre entièrement une diathèse ; mais c'est un grand avantage quand on a la possibilité d'en atténuer les manifestations.

Nous connaissons, du reste, bien d'autres personnes

qui, par l'usage des eaux de Royat continué pendant plusieurs années, ont pu se débarrasser de violentes attaques rhumatismales et retrouver une santé relativement très bonne.

XXXIᵉ OBSERVATION.

M. L., 29 ans. Constitution frêle. Tempérament lymphatico-sanguin.

N'a connu à ses parents ni goutte ni rhumatismes. Son père avait de la gravelle.

Atteint, en 1859, d'un rhumatisme fibreux intense, qui, ayant débuté au gros orteil droit, a envahi ensuite successivement toutes les articulations métatarso-phalangiennes et les deux genoux, et probablement aussi, mais à un moindre degré, les articulations tarso-métatarsiennes.

Une saison à Luchon le débarrassa momentanément de ses douleurs. Mais, l'année suivante, la maladie reparut plus intense que jamais sur les mêmes articulations et atteignit aussi l'épicondyle du bras gauche.

Après trois ans de soins ininterrompus, ce malade est envoyé à Royat.

Voici dans quel état nous le trouvons alors : maigreur extrême, souffrances continuelles, caractère morose. Toutes les fonctions se font bien.

Les genoux sont à peu près guéris, mais il paraît y avoir une grande sécheresse de la capsule synoviale, car les mouvements étendus y déterminent des craquements fréquents ; les pieds sont enflés et douloureux ; il y a une subluxation en haut et en dehors de tous les orteils ; les têtes des métatarsiens, saillantes à la plante des pieds, sont gonflées et extrêmement sensibles ; les tendons extenseurs sont rétractés. Au pied gauche, la première phalange du gros orteil semble détruite dans son corps par une véritable résorption du tissu osseux ; l'extrémité de l'orteil jouit d'une motilité insolite.

Le malade peut à peine poser les pieds sur le sol tant la pression y est douloureuse.

M. L. est venu à Royat quatre années de suite ; il a été traité par les bains, l'eau en boisson, et, dans les deux dernières années, par des douches de vapeur sur les articulations malades.

Sous l'influence de ce traitement, une amélioration lente mais continue s'est déclarée ; les articulations ont perdu de leur volume et de leur sensibilité. Les genoux et le bras gauche sont entièrement débarrassés ; mais aux pieds les subluxations et les rétractions tendineuses ont persisté ; il en résulte que la marche est toujours un peu difficile, non par suite des douleurs à peu près disparues, mais à cause des déformations.

L'état général s'est aussi beaucoup amélioré, et la gaîté est revenue avec la santé, car le malade se regarde comme à peu près guéri.

Réflexions. — Ce malade nous offre un des cas les plus graves d'affection rhumatismale que nous ayons été appelé à voir. Tout d'abord nous avions attribué à une diathèse goutteuse les phénomènes pathologiques observés, mais après avoir longtemps et souvent interrogé le malade et surtout après avoir suivi pendant quatre ans sa maladie, nous nous sommes arrêté à l'idée d'un rhumatisme articulaire chronique, d'une arthrite déformante.

Le traitement thermal a peu à peu éteint le travail sub-inflammatoire qui siégeait dans toutes ces parties ; a guéri les genoux et le coude et permis au malade de marcher sans trop de difficulté.

Il n'a pu guérir évidemment les luxations opérées ; aussi les pieds resteront-ils toujours déformés ; mais en fesant disparaître le gonflement et la sensibilité extrême résidant dans les têtes des métatarsiens, il a eu pour effet de rendre à la vie commune un jeune homme qui, depuis dix ans, vivait complétement retiré.

Le traitement interne suivi chaque année avec la

plus grande persévérance, doit aussi avoir contribué à modifier sa constitution et à amortir le principe rhumatismal.

Du reste, le résultat en a été favorable, et la meilleure preuve en est dans la transformation avantageuse opérée dans l'état général du patient.

XXXIIe OBSERVATION.

Mme C., 43 ans. Constitution délicate. Tempérament nerveux. Provenant d'une famille où tous les membres sont graveleux, calculeux, rhumatisans, goutteux, etc. A perdu son père de la pierre.

A eu elle-même la gravelle, mais, depuis sept ans, cette affection a disparu par l'emploi des eaux de Vichy.

Depuis cinq à six ans, atteinte de phénomènes rapportés par son médecin à un état diathésique, et caractérisés par de la toux, des palpitations, des crises d'asthme, des congestions pulmonaires avec expectoration sanguine, etc., etc.

Depuis dix-huit mois, atteinte d'une attaque de rhumatisme articulaire qui a amené successivement du gonflement à toutes les articulations des membres supérieurs et inférieurs. A chaque instant, retour d'une attaque aiguë sur quelqu'une des articulations, laquelle attaque laisse après elle des gonflements plus ou moins prononcés, et qui ne disparaissent que lentement. Du reste, aucune déformation, mais une sensibilité extrême des pieds et des mains qui sont enflés et œdémateux. Toux sèche et fréquente sans lésions pulmonaires. Céphalalgies répétées, mais diminuées depuis l'apparition du rhumatisme articulaire. Ventre sensible, assez souvent de la diarrhée. Estomac passable. Sommeil médiocre. Menstruation régulière.

C'est dans cette position que Mme C. est venue à Royat en 1867. Son état n'était pas favorable à un traitement thermal à cause des poussées aiguës continuelles qui se fesaient sur les articulations. Pourtant nous avons cru devoir essayer en allant bien doucement. Nous commençâmes par quelques sudations, puis par des bains mitigés qui ne nous réussirent pas. Nous essayâmes des bains de vapeur qui fatiguèrent la malade, laquelle, découragée, nous quitta au bout d'une quinzaine de jours sans avoir obtenu de résultats.

RÉFLEXIONS. — Cette dame nous arrivait dans de mauvaises conditions. La maladie conservait encore un degré d'acuité qui rendait bien difficile l'emploi des eaux. Aigrie en outre par la longueur de la maladie, par les souffrances sans nombre, par l'énorme déplacement opéré pour venir à Royat, cette dame était loin de nous prêter aide et assistance pour essayer une médication dirigée avec toutes les précautions possibles.

Nous eûmes recours d'abord à la sudation qui paraissait assez bien nous réussir; mais la malade se trouvant fatiguée par ce moyen, nous dûmes l'abandonner pour avoir recours aux bains mitigés. Dans les premiers jours, ils eurent l'air de réussir, mais comme ils réveillèrent quelques douleurs assoupies, la malade ne voulût plus les continuer et force nous fût d'y renoncer. Les douches locales de vapeur eurent quelques bons effets, mais elles occasionnèrent aussi un peu d'acuité dans quelques articulations et de l'œdème aux pieds; dès lors la malade refusa toute espèce de traitement et nous quitta, mécontente de son déplacement inutile.

Eussions-nous obtenu plus de succès avec un peu plus de persévérance? Nous en doutons. La cause principale de l'insuccès était dans ce fait que la maladie n'était pas encore assez chronique pour faire usage des eaux. Ensuite, en dehors de cette cause, il faut bien dire que jamais nous n'avons pu faire comprendre à la malade, aigrie par ses souffrances, qu'un certain retour d'acuité dans les symptômes de la maladie, quand elle se maintient dans des limites raisonnables, était plutôt favorable que nuisible à la guérison.

Une question que nous nous sommes posée en présence de cette malade, était celle de savoir si nous avions affaire à des manifestations goutteuses ou à un rhumatisme articulaire chronique. Nous avons penché pour cette dernière opinion, malgré les antécédents héréditaires, en nous fondant sur les données suivantes : d'abord la multiplicité des articulations prises simultanément, la goutte se généralisant moins ; l'absence de productions tophacées qui auraient dû infailliblement se produire depuis le temps que durait la maladie ; les gonflements périostaux qui existaient çà et là, l'inflammation et la sensibilité extrême des gaînes tendineuses, phénomènes qui appartiennent plus au rhumatisme qu'à la goutte. Enfin, la marche même du mal, ne cessant jamais entièrement sur aucun point, mais ramenant, tantôt sur une articulation tantôt sur une autre, une petite poussée aiguë.

Tous ces motifs réunis nous ont déterminé à voir dans cette observation une affection rhumatismale plutôt qu'une goutte vraie. Tout au plus pourrait-on la regarder comme un exemple d'arthrite rhumatoïde ou rhumatisme goutteux, et nous avouons avoir quelque disposition à pencher dans ce sens.

C'est pour ce motif que nous l'avons rapportée ici afin qu'elle nous servît de trait-d'union pour passer de l'étude du rhumatisme à celle de la goutte.

Goutte.

Quant à la goutte, ce que nous avons dit plus haut nous dispense de nous étendre longuement sur les indications curatives de cette maladie par les eaux de Royat. Nous repoussons entièrement du traitement les gouttes régulières, articulaires ; mais si nous sommes absolu dans ce sens, nous dirons aussi que nous sommes partisan de cette station thermale contre les diverses manifestations de la diathèse goutteuse. L'expérience nous a appris qu'on en pouvait retirer de bons effets. Tous les états pathologiques qui relèvent de ce principe sont favorablement influencés par nos eaux : il faut seulement que les malades apportent au traitement une persévérance qui, généralement, leur fait défaut ; plus la diathèse est profonde, plus le malade doit mettre de ténacité à en combattre les effets. Il doit comprendre que c'est par une modification générale de la constitution qu'on peut arriver à atténuer le principe diathésique dont les troubles divers ne sont que la manifestation apparente, et que cette modification ne peut être acquise que par des soins constants et de la persévérance.

C'est principalement dans les cas de goutte généralisée que le traitement thermal peut arriver à des résultats avantageux. Dans ces cas, la goutte, fixée nulle part, envahit tous les systèmes, et donne lieu aux troubles les plus variés, les plus extraordinaires. La faire disparaître d'un point ne servirait à rien, puisqu'elle reparaîtrait immédiatement sur d'autres systèmes ; il n'y a donc qu'un traitement général qui puisse l'atteindre.

Rien n'est plus triste que les exemples d'individus envahis ainsi par la diathèse goutteuse ; toujours souffrants, toujours languissants, puis tantôt d'un côté, tantôt d'un autre, leur intelligence faiblit, leur moral s'affaisse, le système nerveux prédomine et ils deviennent hypochondriaques. Il est extrêmement difficile de leur faire faire un traitement régulier ; le moindre petit phénomène insolite les trouble, les effraie, et ils sont tout de suite disposés à abandonner une médication qui, disent-ils, ne leur convient pas, qui est trop forte pour eux, qui ne ferait qu'aggraver leur état.

Les exemples de ces états pathologiques sont bien plus nombreux qu'on ne le croit. Que d'individus l'on rencontre qui souffrent ainsi perpétuellement, tantôt d'un côté, tantôt d'un autre, qui parcourent tout le cycle des troubles nerveux, sans qu'ils aient jamais aucune lésion apparente, aucune manifestation assez nette pour qu'on puisse mettre un nom sur la maladie.

Comme le physique réagit sur le moral, ces individus deviennent tristes, sombres, irascibles ; on les traite d'hypochondriaques, on les regarde comme des malades imaginaires. Erreur ! Ce sont pour la plupart des victimes d'un état diathésique qui ne peut se localiser et qui fait explosion par mille phénomènes pénibles mais fugaces.

Presque toujours ce sont des individus en puissance de la diathèse goutteuse. La diathèse rhumatismale n'a pas cette mobilité, cette versatilité. Ses manifestations sont plus fixes, plus précises et fatiguent infiniment moins les malades.

Cet état complexe que nous appelons goutte larvée, ou mieux encore goutte généralisée, constitue moins une maladie qu'un état pathologique, et il en est peu qui soient aussi fâcheux pour le pauvre patient et aussi dignes d'interêt pour le médecin.

Quelques observations, que nous allons rapporter,

montreront ce que sont ces états de goutte généralisée
et les ressources qu'on peut retirer d'un traitement
thermal.

XXXIIIe OBSERVATION.

M. M., 48 ans. Constitution robuste. Tempérament lymphatique. A dans sa famille de nombreux goutteux et d'autres
personnes atteintes de dermatoses.

Malade depuis vingt ans. Sans s'être jamais alité. A cette
époque a ressenti une gêne au gosier et un enchifrènement qui
lui causaient des envies de vomir et une toux fréquente qui
ont résisté à tout traitement et persistent encore aujourd'hui.
Cette affection a fini par entraîner un gonflement des amygdales et un œdème de la luette, compliquées de granulations
nombreuses et très fines.

Vers la même époque, apparition sur le scrotum, d'une
plaque eczémateuse paraissant et disparaissant facilement
sous la moindre application topique. Plus tard, apparition de
pityriasis dans les cheveux, la barbe et sur le sternum. Poussées de boutons sur les jambes qui nous paraissent avoir été
de l'ecthyma.

Depuis cinq à six ans et jusqu'à ce jour, symptômes les plus
variés et multipliés. Vertiges fréquents, poussés jusqu'à faire
craindre des chûtes. Bronchites prenant et quittant brusquement. Crises d'asthme. Eczémas à l'anus et au scrotum.
Dyspepsie stomacale. Tous ces phénomènes alternant, se subs-
tituant l'un à l'autre, passant et revenant tour à tour. Perte
de toutes les molaires sans carie.

Enfin, il y a un an, apparition d'une attaque de goutte sur
le pouce de la main droite, attaque bien caractérisée, mais
molle et sans fortes douleurs.

Au moment de l'arrivée à Royat, nous trouvons les deux
articulations du premier métacarpien droit volumineuses et
sensibles ; quelques douleurs dans les autres articulations de
la même main et aussi dans la main gauche. Les vertiges
sont peu forts mais persistent toujours. L'eczéma du scrotum est guéri momentanément. Une plaque pityriasique sur
le sternum. Gonflement des amygdales et de la luette. Angine
granuleuse.

A part ces troubles la santé est assez bonne : les digestions sont faciles, mais il y a un peu de décoloration des tissus, d'anémie. Les urines sont chargées d'acide urique, mais n'offrent pas d'autres caractères.

Nous soumettons M. M. à un traitement consistant en grands bains et l'eau en boisson prise en certaine abondance.

Sous l'influence de ce traitement prolongé pendant tout un mois, il y a des hauts et des bas ; certains phénomènes s'apaisent, d'autres s'exaspèrent. Au moment du départ, voici comment nous le trouvons : est plutôt mieux que pis, les vertiges sont moins fréquents et moins longs, peut marcher plusieurs heures sans rien ressentir. Les gonflements articulaires goutteux ont diminué, les mains sont plus libres ; les douleurs se font sentir de tous les côtés, mais très faibles. Le pityriasis du sternum est guéri : l'eczéma du scrotum a reparu et disparu ensuite. Les urines sont claires ; l'état de la gorge est toujours le même.

M. M. revient à Royat l'année suivante. L'hiver précédent n'a pas été trop mauvais ; mais malheureusement la poussée goutteuse qui s'était faite sur les mains a disparu, et tout se borne à des douleurs vagues, erratiques. En même temps les autres troubles ont reparu. Les vertiges sont redevenus fréquents ; la marche est vacillante et difficile ; lever la tête en l'air, impossible, sans qu'il se déclare aussitôt un fort vertige. L'eczéma scrotal est très léger, le pityriasis n'a pas reparu. Dyspepsie atonique. Gastrorrhée par moments.

Remis au même traitement que l'année dernière, plus le massage.

Sous l'influence de cette médication, il y a encore apaisement de tous les symptômes. Il survient des douleurs dans les articulations radio-carpiennes et tibio-tarsiennes. Au moment du départ, amélioration marquée. L'eczéma seul n'est pas modifié.

Nous avions perdu de vue ce malade, quand nous l'avons vu revenir à Royat deux ans plus tard. Une véritable transformation s'est opérée chez lui depuis deux ans, Il ressent toujours quelques douleurs erratiques avec tendance goutteuse vers les mains. La disposition à l'état congestif des fosses nasales et de la gorge est toujours la même, mais tous les autres symptômes ont disparu. Plus de vertiges. Plus d'eczémas ni de pityriasis ; plus de dyspepsie. M. M. a pu reprendre son état d'avocat : son teint s'est éclairci, son caractère est devenu plus gai et plus agréable.

RÉFLEXIONS. — Il est bien évident que tous ces phénomènes si divers, si bizarres, revenant et disparaissant tour à tour, et durant, en somme, depuis vingt ans sans avoir jamais laissé de repos à M. M., et sans, cependant, l'avoir jamais forcé à s'aliter, devaient tenir à une cause commune, à un état diathésique dont ils n'étaient que des manifestations. Il est non moins évident que cette diathèse était la goutte ; les antécédents héréditaires du malade, l'attaque de l'année précédente en font foi.

Ainsi donc, voilà un individu en puissance de l'arthritis qui, depuis vingt ans, éprouve une foule de malaises qui lui rendent la vie pénible, qui le forcent à renoncer à son état d'avocat, sans qu'il puisse se faire une localisation du principe goutteux. Un instant on a pu le croire, et une attaque de goutte articulaire est venue confirmer l'état diathésique du malade. Mais cette attaque n'a pas été franche, aiguë, douloureuse : le gonflement et la rougeur ont été peu marqués, la douleur peu vive. Aussi n'a-t-elle eu aucune influence appréciable sur l'état général, tandis qu'il en eût été tout autrement sans nul doute, si la localisation avait été plus prononcée.

Un phénomène que nous devons remarquer et que nous avons rencontré dans tous les cas graves qu'il nous a été donné d'observer, ce sont les vertiges, vertiges plus ou moins forts, qui ont toujours constitué la perturbation la plus pénible de toutes celles ressenties par les malades.

Dans ce cas nous retrouvons aussi des altérations cutanées, eczéma, pityriasis, cethyma. Or, depuis les travaux modernes, il n'est plus permis de mettre en doute la relation intime des dermatoses avec la diathèse arthritique. Nous voyons ces affections cutanées revêtir le caractère de mobilité propre aux autres phénomènes, au lieu de garder ce degré de fixité qui les caractérise le plus ordinairement et qui fait le désespoir des médecins et des malades. C'est que ces dermatoses ne sont, comme les vertiges, comme les gonflements articulaires, comme la dyspepsie, comme les douleurs du pharynx et l'enchifrènement, que des manifestations du principe arthritique qui tend à se faire jour ici et là, mais sans pouvoir arriver à se fixer nulle part.

Le traitement fait à Royat a-t-il eu de l'influence sur cet état ? Le fait est certain. Dès la première année, nous voyons la plupart des symptômes s'amender ; les vertiges diminuent, la marche devient facile, les dermatoses disparaissent : enfin, la localisation goutteuse sur la main diminue pour faire place à des douleurs générales mais faibles.

Il est vrai que plusieurs de ces symptômes sont revenus pendant l'hiver suivant, notamment les vertiges, mais, cependant, il en est quelques-uns qui ont disparu définitivement. En somme, si l'état du malade n'a pas éprouvé de grands changements, il y a néanmoins un certain mieux.

Mais, c'est à la suite de la seconde saison, l'année suivante, que le mieux se fait bien réellement sentir. Peu à peu les vertiges, les dermatoses, la dyspepsie disparaissent pour ne plus revenir, et M. M. peut reprendre sa profession d'avocat qu'il avait été forcé de cesser à cause de son état de santé. Et comme le physique réagit toujours sur le moral, nous voyons avec la santé revenir la gaîté et un meilleur aspect du visage.

Nous ne dirons rien de la troisième saison thermale, car elle n'était qu'une simple mesure de précaution et nullement nécessitée par l'état de la santé.

XXXIVe OBSERVATION.

M. A., 45 ans. Grand et mince. Tempérament lymphatico-nerveux.

A eu, il y a plusieurs années, quelques attaques de goutte aiguë au pied, attaques franches et bien caractérisées. Par suite de trois saisons à Vichy, la goutte a disparu et il est resté à la place des douleurs vagues, erratiques dans les membres.

Il y a cinq ans, toutes ces douleurs ont été remplacées par des troubles digestifs très violents, accompagnés de gravelle urique. Traité par les amers et les bains froids.

Plus tard sont apparus de nouveaux phénomènes. L'estomac est devenu capricieux, flatulent, digestions fort lentes. Sentiment de faiblesse et d'anéantissement trois à quatre heures après les repas, au moment de la digestion intestinale. Inertie de l'intestin, constipation opiniâtre, vertiges fréquents, syncopes répétées. Excitation nerveuse très grande. Caractère mobile et inconstant. Tantôt M. A. s'irrite et s'emporte ; tantôt il pleure comme un enfant ; hypochondrie. En un mot, les troubles nerveux les plus variés se succèdent, s'enchaînent et ne laissent aucun repos au malade. Etat anémique très ancien et très prononcé. En outre de ces symptômes, il existe une angine granuleuse et de petits placards eczémateux sur les avant-bras et sur une main.

Soumis à un traitement consistant en bains et boisson.

Au bout des six premiers bains, M. A. se trouve très fatigué ; les vertiges sont très fréquents, les syncopes répétées (six dans une matinée), les traits altérés, la faiblesse est extrême. Nous suspendons le traitement pendant trois jours, puis ensuite nous le reprenons. A partir de ce moment, plus de vertiges, plus de syncopes, plus de crises nerveuses. Les nuits sont bonnes, les digestions beaucoup plus faciles, les selles naturelles, les forces assez bien revenues.

Le malade nous quitte au bout de vingt-sept bains dans un état relativement très satisfaisant.

Nous avons eu des nouvelles de ce malade l'hiver suivant. L'estomac a conservé le bénéfice des eaux, mais il paraît que les syncopes sont revenues et qu'elles ont fini par prendre le caractère épileptiforme.

C'est là, du reste, un accident indiqué par M. Trousseau comme une des conséquences possible de la diathèse goutteuse.

Sous l'influence du bromure de potassium les crises épileptiques ont disparu, mais M. A. a repris sont teint plombé et ses phénomènes nerveux. Une seconde saison à Royat de vingt-deux jours améliore encore une fois sa position.

RÉFLEXIONS. — Il est bon de remarquer la grande ressemblance qui existe entre les phénomènes morbides éprouvés par ce malade et ceux de la précédente observation. De part et d'autre nous trouvons un état goutteux, non fixé chez l'un, rendu irrégulier chez le second par un traitement intempestif. Chez tous les deux, des troubles de la digestion, des perturbations nerveuses, des vertiges, des dermatoses, de l'angine granuleuse, de la gravelle, etc.

Seulement, le présent malade est encore plus sérieusement atteint : aux vertiges se joignent des syncopes qui finissent par devenir épileptiques. Le caractère est bien plus profondément altéré, les digestions plus troublées, l'anémie plus profonde.

M. A. nous présente toutes les perturbations les plus graves que puisse produire la diathèse goutteuse. Et tout cela est venu pour avoir, par un traitement alcalin intempestif, voulu arrêter des accès de goutte franche. La diathèse, qui avait trouvé sa manifestation locale la plus avantageuse, a été refoulée au-dedans ; elle a perdu son caractère de régularité, elle est devenue anormale et elle a engendré ces nombreux phénomènes que nous avons constatés.

En outre, et comme cela arrive toujours dans les cas graves, surtout quand la digestion est troublée, l'anémie s'est déclarée et est venue compliquer encore l'état du malade. Il est évident que cette anémie, en portant sur le cerveau comme sur les autres organes, a dû faciliter singulièrement l'apparition des vertiges et des syncopes, rendre plus intense la prédominance du système nerveux et les perturbations dont il était le siège.

Le traitement que M. A. a suivi à Royat, a énormément amélioré sa position et il n'en a pas perdu, à l'heure qu'il est, tout le bénéfice, car si les syncopes sont revenues, l'estomac est resté bon, et il est à présumer que la digestion se fesant mieux, les troubles nerveux perdront de leur intensité.

XXXVe OBSERVATION.

M. X., 56 ans. Constitution robuste. Tempérament lymphatico-nerveux. Fils d'un père goutteux. Lui-même a toujours eu des dispositions aux rhumatismes musculaires et à la dermalgie.

En prenant de l'âge, les troubles nerveux ont pris un degré d'intensité des plus grands et ont occasionné une hypochondrie bien caractérisée.

Aujourd'hui, il ne reste pas un jour, une heure, sans souffrir ; il éprouve des douleurs profondes dans tous les os ; il ressent des maux de tête, du malaise, des douleurs articulaires, des étouffements, des troubles circulatoires ; le pouls présente, en effet, une irrégularité marquée ; toutes les cinq à six pulsations, il semble qu'il y en ait une de sautée. Le malade fait de profondes ins pirations parce qu'il lui semble que l'air lui manque.

L'estomac est bon, la dyspepsie à peu près nulle ; parfois, douleurs d'entéralgie avec un peu de dévoiement. C'est surtout sur les organes du bassin que les névralgies siègent presque constamment ; vives douleurs au périnée et au col de la vessie ; érections fréquentes et douloureuses ; crises hémorrhoïdaires répétées ; urines fortement chargées d'acide urique. Anémie assez prononcée. A eu des coliques hétiques.

Enfin, comme chez les malades précédents, préoccupations morales, inquiétudes, faiblesse de caractère, désir de guérir et crainte de toute médication. Humeur tantôt gaie, tantôt fantasque, morose.

M. X. n'a jamais eu d'attaque de goutte, mais il attribue toute sa maladie à une forte diathèse arthritique.

M. X. est soumis à un traitement thermal ; mais, forcé par le malade qui se trouble et s'inquiète, nous sommes obligé de faire un traitement beaucoup trop court et fortement mitigé qui ne nous conduit à aucun résultat.

RÉFLEXIONS. — M. X., homme très intelligent et médecin fort distingué lui-même, atteint d'hypochondrie, passait, comme ses semblables, tout son temps à se tâter, à s'écouter ; à la moindre indisposition, à la moindre douleur, il venait nous déclarer que le traitement ne lui convenait pas, que les eaux étaient trop fortes, qu'il ne pouvait continuer. Il nous forçait chaque jour à des modifications auxquelles nous n'eussions certainement pas consenti avec un malade ordinaire. Il est résulté, de tous ces changements, que nous n'avons fait qu'un traitement incomplet et qui a échoué entièrement.

Quoiqu'il n'ait jamais eu d'accès de goutte, il est impossible de ne pas regarder son état, avec ses mille variations journalières, comme étant la conséquence d'une diathèse goutteuse généralisée.

Sans parler de l'opinion formelle du malade, la prédisposition héréditaire d'un côté, et de l'autre, la similitude qu'il y a entre cette observation et les précédentes, ne permettent guère le doute.

Chez lui nous ne trouvons pas les troubles cérébraux rencontrés chez la plupart des malades ; mais, à côté de cela nous avons des troubles du côté de la circulation et des organes génito-urinaires que nous n'avions pas encore observés.

Rien de plus curieux que de suivre les phases par lesquelles ce malade a passé pendant les vingt-trois journées de son séjour à Royat.

Tout d'abord, il éprouve un peu de mieux, puis les troubles nerveux reparaissent un jour sur l'estomac, le lendemain sur la tête et principalement sur les organes du petit bassin.

Le calme renaît ensuite ; puis viennent des douleurs et des gonflements dans les articulations des mains. Puis une crise d'entéralgie assez prolongée, remplacée plus tard par de la rachialgie, le tout entremêlé de journées de calme et de bien-être.

Que dire d'un pareil état ? Si ce n'est qu'il est la manifestation complète et à son plus haut degré de la diathèse arthritique. Qu'on rapproche cette observation des deux précédentes et l'on verra qu'il n'est pas un système organique, pas un appareil qui ne puisse être atteint à son tour de perturbations sous la dépendance de la diathèse arthritique.

Remarquons que, dans tous ces cas, ce sont les nerfs qui sont le siège des troubles présentés. La plupart des manifestations goutteuses consistent dans la production de névroses. Névroses cérébrales, névroses pulmonaires, névroses de la circulation, de la nutrition, des organes génito-urinaires, etc., se mêlent et s'enchevêtrent, se réunissent plusieurs à la fois ou se succèdent l'une à l'autre, paraissant et disparaissant du jour au lendemain, sans laisser de traces derrière elles, mais aussi sans laisser presqu'aucun repos aux patients.

Cependant, toutes les formes de manifestations goutteuses ne sont pas aussi fugaces que celles que nous venons d'étudier. Ainsi, la gravelle, les gonflements osseux, les dermatoses, ont un caractère de fixité bien opposé à la mobilité des perturbations nerveuses. Mais les uns et les autres semblent s'exclure jusqu'à un certain point, et les troubles nerveux sont d'autant plus prononcés que les formes fixes de la diathèse manquent plus complétement.

Si, maintenant, nous cherchons à nous rendre compte des résultats obtenus par l'emploi des eaux de Royat, nous devons reconnaître que, dans aucun des cas observés par nous, nous n'avons obtenu de guérison, et du reste personne ne peut en arguer contre l'action des eaux, car des diathèses aussi profondes ne guérissent pas et ce serait folie de poursuivre un pareil but.

Mais nous devons remarquer que, dans nos deux premières observations et dans plusieurs autres qu'il eût été trop long de rapporter, nous sommes arrivé à une amélioration réelle; c'est-à-dire que les malades ont obtenu, sous l'influence de leur traitement, une diminution de leurs misères, un surcroit de forces et de bien-être très appréciable pour eux. Peut-être fussions-nous arrivé au même résultat pour notre dernier malade s'il eût été possible de le soumettre à un traitement plus long et surtout plus suivi.

Un fait incontestable, c'est que le plus grand nombre des malades nous ont quitté beaucoup mieux qu'au moment de leur arrivée.

Le résultat qu'il faudrait obtenir ce serait la transformation de la goutte vague, erratique, en goutte articulaire fixe. On sent que ce serait la plus désirable des terminaisons. Malheureusement les eaux ne conduisent pas à ce résultat ; elles atténuent la diathèse arthritique, rendent les manifestations moins fréquentes et moins pénibles, et de cette façon amènent un peu de calme dans la santé des patients. Mais à cela se borne leur mode d'action.

Ce sont, en effet, les résultats auxquels nous sommes arrivé bien souvent à Royat, tant contre la diathèse rhumatismale que contre la diathèse goutteuse.

Nous allons voir, du reste, leur efficacité s'affirmer de nouveau et de la façon la plus probante dans le traitement d'une classe d'affections par lesquelles la diathèse arthritique se révèle le plus fréquemment et de la manière la plus tenace.

Nous voulons parler des affections cutanées.

CHAPITRE V.

Affections cutanées. — Arthritides.

La thérapeutique des dermatoses constitue un des points les plus obscurs et les plus difficiles de la pratique médicale. Jusqu'à ces dernières années, la science en était restée à la classification de Willan, et les sulfureux à l'extérieur, l'arsenic à l'intérieur constituaient la base de tout traitement.

De nos jours, un savant médecin, M. Bazin, est venu proposer une nouvelle division des affections cutanées, et partant de cette donnée éminemment juste, que les lésions de la peau ne sont que la manifestation extérieure d'une maladie générale, d'une altération du sang, il a établi une nouvelle méthode de classement basée non plus sur la lésion cutanée élémentaire, mais sur le principe morbide en puissance.

C'est ainsi que l'éminent praticien, dont nous parlons, a créé quatre classes de dermatoses, les syphilides, les scrofulides, les herpétides et les arthritides.

Pour les syphilides, il n'y a jamais eu le moindre doute sur la légitimité de leur existence ; elles ont des caractères pathognomoniques qui permettent toujours de les reconnaître. Malheureusement ces signes objectifs sont infiniment moins prononcés pour les trois autres divisions ; mis en présence d'une affection cutanée, le praticien se trouve ordinairement dans un grand embarras pour établir à laquelle de ces trois classes appartient la lésion qui se présente. Question importante, cependant, puisque, toujours d'après les doctrines du professeur de l'hôpital St-Louis, la médication doit varier radicalement selon la nature de l'état constitutionnel auquel on a affaire.

C'est là, il faut bien l'avouer, le côté difficile de la nouvelle pathologie cutanée. Que la scrofule, le principe dartreux, les diathèses rhumatismale et goutteuse, l'arthritis, en un mot, puissent se manifester par des éruptions à la peau, c'est ce dont il n'est guère possible de douter, mais la difficulté commence aussitôt qu'il s'agit de distinguer si l'affection en présence appartient à la scrofule plutôt qu'à l'herpétisme ou à l'arthritis.

Les signes objectifs qui permettent de distinguer si une même affection appartient plutôt à une classe qu'à une autre sont, en effet, très légers et souvent très fugaces. Mais nous ne croyons pas, cependant, qu'en s'entourant de toutes les garanties que peuvent offrir les autres éléments de diagnostic, cette difficulté soit insurmontable, autrement il ne s'agirait plus que de prendre au hasard parmi la masse des médicaments usités contre les dermatoses, et de les essayer successivement jusqu'à ce qu'on eût trouvé le bon.

Mais, laissons de côté les scrofulides et les herpétides, et revenons spécialement aux lésions arthritiques qui, seules, doivent nous occuper dans ce travail.

Les arthritides sont la partie la plus contestée des doctrines de M. Bazin; elles sont attaquées non-seulement dans leurs caractères et leur médication, mais même dans leur existence.

Et, d'abord, nous nous demanderons si les arthritides existent réellement comme classe spéciale de derma-toses ? Qu'on admette ou non la fusion de la goutte et du rhumatisme en une seule entité, l'arthritis, on ne saurait nier que la diathèse goutteuse peut se manifester par des lésions cutanées, tout comme elle se révèle quelquefois par des lésions pulmonaires, des névropathies, etc. A cet égard il n'y a nul doute, nulle contestation possible, mais la diathèse rhumatismale jouit-elle des mêmes privilèges ? Pour nous c'est incontestable, et rien ne nous serait plus facile que d'en fournir de nombreux exemples. C'est à ce point même que nous ne comprenons pas comment on peut contester cette vérité, ainsi que nous l'avons entendu faire.

Pour nous et pour tous ceux qui auront voulu observer avec soin, il est hors de doute que la goutte et le rhumatisme peuvent se révéler par des affections à la peau. Maintenant, ce point de départ admis, nous nous demanderons à quel signe il sera possible de reconnaître que ces dermatoses appartiennent à la classe des arthritides. Là est le nœud gordien de la question, puisque, de sa solution plus ou moins exacte, dépend une médication plus ou moins rationnelle.

Nous savons que ces signes sont le plus souvent fort difficiles à apprécier, et que, dans ce cas, l'erreur touche de près à la vérité. Mais, cependant, il en est parmi ces signes qui sont assez précis, assez caractérisés pour qu'il soit difficile de passer à côté sans les reconnaître.

Prenons, par exemple, la dermatose la plus fréquente l'eczéma. Quoique ce soit une affection vésiculeuse ou vésico-squammeuse, et comme telle soumise à un suintement séreux, il est certain, cependant, qu'il est difficile de ne pas être frappé de l'énorme différence que présente sous ce rapport cette affection selon qu'elle est arthritique ou bien scrofuleuse ou herpétique.

Dans le premier cas, les surfaces eczémateuses sont sèches, fendillées, recouvertes de petites squammes très-fines et très-légères, ou tout au plus à peine suintantes.

Quand, au contraire, l'eczéma est de nature dartreuse ou scrofuleuse, il est rouge et suinte abondamment : il force les malades à le recouvrir de linges qui sont bien vite imbibés et comme empesés. Les squammes qui le recouvrent sont larges, épaisses, jaunâtres.

Il nous semble qu'il y a là un caractère distinctif bien tranché et d'une appréciation facile.

Pour le psoriasis, n'avons-nous pas encore, dans la coloration des squammes et dans leur siége, deux signes qui sont loin d'être sans valeur, surtout au début.

Mais, nous le reconnaissons, dans une foule de cas, surtout quand la dermatose a, par sa durée, perdu presque tous ses caractères distinctifs, l'embarras serait grand si on n'avait alors pour s'aider dans son diagnostic d'autres éléments à consulter. Ces éléments, ce sont les antécédents du malade, l'étude de ses maladies antérieures, de celles de ses parents, etc.

Nous savons avec quelle facilité les affections diathésiques se transmettent et se perpétuent dans les familles, soit avec leurs caractères propres, soit en se transformant et s'atténuant. Rien donc de plus naturel, quand on est en présence d'une de ces affections cutanées qui sont la manifestation apparente d'un vice du sang, que de rechercher de quelle nature est ce principe morbide ; et si on ne la trouve pas chez l'individu, d'aller la rechercher chez les ascendants.

Si rien ne justifie chez le malade l'explosion et la tenacité d'une dermatose, si en recherchant les antécédents de la famille, on arrive à reconnaître qu'il est né de parents goutteux ou fortement rhumatisants, n'est-on pas en droit de penser que la lésion de la peau n'est autre chose qu'une manifestation de la diathèse en puissance, et ne doit-on pas la traiter en conséquence?

Cette manière d'agir ne vaut-elle pas mieux que d'aller au hasard frapper à toutes les portes de la thérapeutique pour trouver un remède convenable?

Avons-nous aujourd'hui, en pathologie cutanée, des

règles qui puissent servir de guide, je ne dirai pas sûr,
mais tout simplement rationnel pour traiter une dermatose? Nous ne craignons pas de répondre par une néga-
tive et nous pensons que tout le monde sera de notre
avis.

Les doctrines de M. Bazin offrent-elles ces règles qui
nous manquent jusqu'à présent? Sont-elles établies sur
des données qui puissent satisfaire l'esprit? Sont-elles
consacrées en pratique par de nombreux succès? Ce sont
là tout autant de faits qu'il serait puéril de vouloir nier.
Reste donc cette difficulté de pouvoir établir un diagnostic, mais cela prouve-t-il que la doctrine ait tort,
et ne pourrait-on pas accuser plutôt la pauvreté de nos
moyens d'investigation?

C'est précisément parce que les doctrines de M. Bazin
offrent aux praticiens des principes sur lesquels ils peuvent s'appuyer au lieu d'être laissés livrés au hasard,
qu'elles ont rallié à elles tant d'esprits distingués. Ce
n'est pas à dire pour cela qu'en suivant ces principes
on se mette sûrement à l'abri des insuccès. La médecine est une science toute conjecturale, et l'attention la
plus soutenue, les raisonnements le plus logiquement
déduits ne nous préservent pas des échecs. C'est que,
dans toute maladie quelconque, il doit y avoir mille
causes latentes que nous ne pouvons apprécier et qui
influent tout à la fois sur la maladie et les médications
qu'on lui oppose.

Avec la doctrine des maladies constitutionnelles les
causes d'erreur ne sont point évitées, mais, malgré cela,
nous croyons devoir adopter l'application que M. Bazin
en a faite à la pathologie cutanée. Grâce à lui, nous
avons une règle, un flambeau pour nous guider dans le

traitement des affections de la peau. Que, si nous repoussons ces doctrines, nous nous trouvons immédiatement en présence de l'incertitude et des tâtonnements.

C'est par suite de ces données que toutes les affections cutanées ne sont plus aujourd'hui dirigées sur les eaux sulfureuses et que bon nombre viennent se faire soigner près des sources alcalines. Ce sont tout naturellement celles dont le principe diathésique réclame l'usage de cette médication ; ce sont les arthritides. C'est à ce titre que Royat voit chaque année pas mal de malades atteints de ce genre de lésions, et nous pouvons dire de suite que beaucoup y retrouvent la santé. N'est-ce pas là une preuve de plus que les idées de M. Bazin sont justes et qu'elles s'appuient sur des données rationnelles.

Nous allons maintenant fournir quelques exemples des principales dermatoses que nous avons eu l'occasion de soigner, et montrer comment elles se comportent sous l'influence de la médication thermo-alcaline.

Eczéma.

L'eczéma, de l'ordre des vésicules (Willam) et que M. Bazin a rangé dans la classe des affections vésico-squammeuses, est assurément l'affection que nous observons le plus fréquemment aux eaux et qui nous donne le plus de succès. Nous ne croyons pas nous tromper en disant que les eczémas ont constitué les 4/5 des dermatoses qu'il nous a été donné de soigner. Ils constituent la manifestation la moins rebelle de la diathèse portée à la peau. Toujours est-il qu'ils ne présentent pas cette fixité, cette résistance au traitement que nous trouvons dans les dermatoses squammeuses, par exemple, qui sont entre toutes celles qu'il est le plus difficile de modifier.

Les cas d'eczéma sont si nombreux que nous n'avons que l'embarras du choix pour les exemples à citer. Nous choisirons donc nos observations parmi les cas les mieux caractérisés et les plus rebelles.

XXXVI° OBSERVATION.

M. K., 54 ans. Homme fort et robuste. Antécédents arthritiques de diverses natures. Atteint d'eczéma depuis quinze ans. Depuis un an, l'eczéma a pris un développement plus considérable et les douleurs rhumatismales ont diminué proportionnellement. L'eczéma recouvre toutes les mains et remonte sur la partie intérieure des avant-bras. Les deux mains sont gercées, fendues dans tous les sens et saignent avec la plus grande facilité ; la peau est épaissie, quelques petits placards sur la figure et le corps. Démangeaisons vives. État général parfait.

Première saison à Royat de vingt-sept jours. Les eaux commencent par exaspérer le mal, mais bientôt le calme renaît et à la fin il y avait une amélioration appréciable pour le malade lui-même malgré son incrédulité.

M. K. revient l'année suivante. La guérison a fait des progrès sensibles, quoique dans l'intervalle le malade n'ait suivi qu'un traitement fort incomplet.

La peau des mains a repris sa coloration normale et sa souplesse ; les gerçures n'existent plus. Il reste encore quelques poussées vésiculeuses à l'extrémité des doigts, autour des ongles et de larges plaques sur les avant-bras. Plus rien sur la figure : encore un peu d'eczéma à la cuisse.

Saison d'un mois à Royat. Pas de poussée, dessication manifeste de toutes les plaques eczémateuses.

Depuis cette époque, M. K. a essayé d'aller à Ems, qui n'a eu aucun effet, ni en bien ni en mal, sur son affection. Aussi nous est-il revenu deux autres années à Royat.

L'eczéma n'a pas disparu ; il y a toujours de temps à autre de légères petites poussées sur les mains, mais elles sont peu étendues et disparaissent facilement. Il n'en paraît plus sur les restes du corps. La santé générale est parfaite.

Réflexions. — La mère de ce malade, morte à un âge très avancé, était rhumatisante et, pendant les vingt dernières années de sa vie, elle a eu presque constamment un eczéma des membres supérieurs. Son fils a hérité d'elle de son état diathésique. Lui aussi a eu de nombreuses attaques rhumatismales, et en dernier lieu une arthrite du poignet. En outre, depuis plus de quinze ans il est atteint d'un eczéma qui a subi des hauts et des bas, mais qui paraît avoir pris une extension plus grande à mesure que les rhumatismes ont diminué.

Ce malade, fort riche, avait essayé une foule de remèdes, et les insuccès nombreux qui en avaient été la conséquence, lui avaient donné un septicisme très grand à l'égard des eaux de Royat. Aussi ne les prenait-il que forcé et contraint.

La première année, le mal fut plutôt exaspéré qu'amélioré. Mais cette recrudescence n'avait été que passagère, le mieux était venu bientôt après et dès la seconde année nous trouvions dans son état un changement notable, plus de crevasses, plus d'épaississement de la peau : cette véritable carapace qui couvrait les mains et les avant-bras avait disparu pour être remplacée par de simples poussées sur divers points.

Dans les deux années suivantes, le malade, qui a renoncé à tout traitement dans l'intervalle des saisons, voit son mal s'atténuer encore ; toute manifestation eczémateuse disparaît de la figure et du reste du corps ; tout se borne à quelques petites poussées aux mains, surtout au pourtour des ongles et qui gênent fort peu le malade.

C'est uniquement aux eaux de Royat qu'une telle amélioration est due, puisque tout autre traitement a été abandonné. En venant chaque année passer une saison près de nous, M. K. a pu réduire à presque rien une affection qui le désolait depuis si longues années et cela sans que les anciennes douleurs rhumatismales aient reparu. Aussi notre malade est-il un partisan convaincu de l'efficacité des thermes de Royat.

Remarquons, en passant, que l'influence des eaux d'Ems a été nulle sur son affection, tandis qu'elle est si favorablement influencée à Royat. C'est une réponse directe à ceux qui, se basant sur la presque similitude de composition minérale des deux sources, ont voulu conclure de là à leur similitude d'action.

Nous répéterons à ce sujet ce que nous avons déjà dit ailleurs. Chaque source a pour ainsi dire sa spécialité d'action. Toutes les recherches chimiques ne peuvent nous fournir sur ce point que des à peu près ; c'est à l'expérience seule à prononcer.

XXXVIIe OBSERVATION.

Mme G., 51 ans. Tempérament lymphatique. Constitution moyenne. Bonne santé habituelle. Arrivée à l'âge critique.

Née de père et mère goutteux, n'a jamais eu d'attaque de goutte, mais ressent toujours une faible douleur dans le gros orteil droit. Depuis longtemps éprouve des douleurs dans presque tout le corps. A eu, il y a quelques mois, une attaque de rhumatisme articulaire dans l'épaule gauche, laquelle pourrait n'avoir été qu'une attaque de goutte.

Atteinte, au commencement de 1867, d'un zona, disparu aujourd'hui. A eu ensuite un eczéma par placards sur les oreilles, la face et le cou : les conduits auditifs sont envahis. Croûtes épaisses, jaunâtres, impétigineuses. Bonne santé par ailleurs. Pas de dyspepsie. Céphalées. Règles très irrégulières.

Venue à Royat pour suivre un traitement, elle nous quitte après vingt-un jours, ayant éprouvé quelques phénomènes d'excitation. Voici son état :

L'oreille droite, la plus malade, va mieux : poussées eczémateuses sur l'oreille gauche. Les placards de la face et du cou ont disparu. Plus de maux de tête. En résumé, grande amélioration.

Revenue en 1868. L'eczéma a complétement disparu depuis l'année dernière, mais en revanche Mme G. a souffert et souffre encore de douleurs goutteuses dans les pieds.

La saison thermale qu'elle suit est purement préventive.

Le mari de cette dame, ancien militaire et atteint de douleurs de rhumatismes qu'il attribue à ses campagnes, est depuis trois ans porteur au scrotum d'un eczéma sec, fendillé et qui occasionne de vives démangeaisons. Il suit un traitement semhlable à celui de sa femme et se trouve entièrement guéri comme elle par la première année de séjour à Royat.

L'année suivante, il n'a plus rien du tout.

RÉFLEXIONS. — Ici encore nous retrouvons la préexistence d'une diathèse arthritique héréditaire, dont évidemment l'eczéma n'est qu'une manifestation, et la preuve en est que la malade a été reprise de douleurs goutteuses aussitôt la disparition de l'eczéma. Quant à la ménopause, elle ne joue ici que le rôle de cause déterminante et rien de plus.

L'influence de l'âge critique a été signalée par tous les auteurs comme une des causes fréquentes des éruptions cutanées et c'est avec juste raison. Au moment où cesse une fonction aussi importante que celle de la menstruation, il s'opère chez la femme une perturbation profonde; c'est, pour ainsi dire, une autre vie qui commence pour elle. Au milieu du trouble qui a lieu, les prédispositions morbides se font jour. C'est le moment où l'on voit survenir une foule d'affections plus ou moins graves. Mais la ménopause ne les produit pas, elle ne fait que favoriser l'explosion des germes en puissance chez la femme.

Dans l'observation présente, l'eczéma est la conséquence de l'arthritis; c'est une forme de la diathèse goutteuse. Les maux de tête si fréquents sont dus aussi à la même cause. Sous l'influence du traitement thermal, l'eczéma disparaît, mais bientôt les douleurs goutteuses reprennent plus de force, comme pour attester que la diathèse a été modifiée dans son expression pathologique, mais non détruite. Cette dame se porte parfaitement depuis cette époque.

Pour le mari, les résultats sont tout aussi avantageux, mais chez lui c'est à une diathèse rhumatismale que nous avons affaire et le fait est moins grave.

XXXVIIIe OBSERVATION.

M. H., 50 ans. Constitution robuste. Tempérament lymphatique. Mère atteinte de rhumatismes (?).

A eu, il y a dix ans, un eczéma qui a été guéri. Depuis cette époque est resté sujet à la migraine et à la dyspepsie stomacale.

Il y a un an, attaqué de rhumatisme articulaire qui, dit le malade, a été pris pour de la goutte et qui a parcouru presque toutes les articulations du corps. Aujourd'hui encore, le rhumatisme, quoique diminué, se fait sentir sur les articulations des pieds qui sont enflés ainsi que les chevilles. Douleurs musculaires dans les cuisses et les bras. Marche douloureuse et très difficile.

Il y a six mois, apparition d'un eczéma fixé sur les jambes et les bras, mais qui a disparu. Il ne lui reste plus au moment de sa venue à Royat, que trois gros placards d'eczéma impétigineux sur les joues et le menton.

Santé générale beaucoup meilleure depuis l'apparition de l'eczéma.

M. H. fait successivement deux saisons à un mois d'intervalle. Quand il nous quitte, il se trouve fatigué ; le traitement a même provoqué un léger mouvement fébrile avec diminution de l'appétit.

Les douleurs articulaires ont diminué, la marche est plus facile, mais l'eczéma n'a subi aucune modification.

Réflexions. — L'eczéma est bien encore dans ce cas une manifestation d'un état diathésique profond. Il n'y a, pour s'en convaincre, qu'à lire l'observation avec attention. Un premier eczéma avait fait apparition il y a dix ans ; il fut guéri, mais aussitôt remplacé par des migraines et de la dyspepsie qui disparurent à leur tour dix ans plus tard, au retour de l'eczéma, lequel coïncide aussi avec la diminution d'un rhumatisme articulaire des plus intenses. Il est donc bien évident que le rhumatisme, l'eczéma, la migraine, la dyspepsie, n'ont été tous que des formes diverses d'un état diathésique. Notons aussi dans le même ordre de faits des rétractions tendineuses de plusieurs extenseurs des doigts.

Au moment de sa venue à Royat, M. H. avait tout à la fois l'eczéma de la figure et les douleurs et gonflements rhumatismaux des articulations des pieds.

Le traitement thermal n'a agi que sur l'une des deux lésions ; l'eczéma n'a pas été modifié, mais, par contre, les manifestations articulaires ont été atténuées. La marche est devenue plus facile, les douleurs moindres.

En résumé, il y a eu amélioration pour le malade, mais dans un seul sens, tandis que nous étions en droit de l'espérer des deux côtés. Mais, reste à savoir ce qu'il est advenu par la suite. Ce n'est pas aux eaux généralement que la guérison s'accomplit et beaucoup de malades nous quittent en apparence plus souffrants qui nous reviennent à peu près guéris l'année suivante.

XXXIX⁰ OBSERVATION.

Mme N., 34 ans. Constitution délicate. Tempérament lymphatique. Toute la famille maternelle de cette dame est tourmentée par les rhumatismes. Une de ses sœurs en est presque infirme.

Il y a sept ans, à la suite d'un sevrage, est apparu un eczéma sur les mains. Peu à peu le mal s'est accru et a envahi successivement les avant-bras, les cuisses, depuis le genou jusqu'à l'aîne et la moitié inférieure du ventre.

Résistance de la maladie à tous les traitements usités depuis lors.

Venue à Royat en 1865 ; nous trouvons les mains dures, épaisses, crevassées, le derme altéré ; un eczéma sec et rouge recouvre ces parties dans leur totalité et remonte sur les avant-bras jusqu'au coude. Il existe des placards eczémateux sur les jambes, au creux des jarrets, sur les cuisses, le ventre, la poitrine, au cou et derrière les oreilles.

La santé générale est bonne, la menstruation régulière, pas de dyspepsie. Mme N. n'a jamais ressenti de rhumatismes.

Mme N. fait deux saisons coup sur coup, qui provoquent quelques légères poussées, mais en général il y a tendance à la guérison.

Quand elle nous quitte pour retourner chez elle, il y a une amélioration réelle. L'eczéma semble avoir cessé sur les mains, mais la peau est toujours rugueuse et crevassée. Les avant-bras sont très améliorés ; les plis des coudes encore malades. Les placards du corps ont disparu ; il n'y a que dans les plis de flexion, aux jarrets, aux aînes et aux aisselles, qu'il existe quelques vésicules.

Mme N. nous revient l'année suivante. Pendant l'hiver, il s'est fait deux poussées sur les mains, mais elles ont à peu près disparu. A son arrivée nous trouvons une petite plaque eczémateuse sur l'indicateur droit, s'étendant un peu sur le dos de la main. Une seconde plaque au poignet droit. Rien sur le reste du corps. Santé générale excellente.

A la fin de la saison, l'état est à peu près le même ; les placards ont été un peu excités par le traitement.

Un an après, Mme N. nous faisait part de sa guérison définitive.

Réflexions. — Nous avons eu ici un succès complet. L'eczéma, qu'on peut appeler généralisé, tant il occupait de parties différentes, a cédé complétement en deux années, alors qu'il y avait sept ans qu'il était traité d'une manière très rationnelle et pourtant sans succès.

A quoi pouvons-nous attribuer et cet eczéma et le résultat heureux du traitement de Royat? Pour nous, il est incontestable que cet eczéma est la conséquence d'une prédisposition morbide rhumatismale mise en jeu par l'allaitement et le sevrage. Aussitôt que cette sécrétion physiologique, qui servait de dérivatif, a cessé, il s'est fait une révolution intérieure et la diathèse rhumatismale a fait explosion.

Si le traitement de Royat a réussi, c'est qu'il a eu pour effet de modifier la constitution, d'atténuer la diathèse et d'agir aussi localement sur l'éruption.

Nous pourrions rapporter bien d'autres exemples d'eczémas ou guéris ou modifiés heureusement par notre médication, mais ils ne seraient que la répétition des faits précédents.

Nous aimons mieux terminer l'histoire de l'eczéma par une observation qui prouve tout aussi clairement que les précédentes, que c'est comme modificatrices de la diathèse arthritique que les eaux de Royat procurent la guérison des dermatoses. Seulement, l'exemple que nous allons rapporter est de l'ordre des preuves négatives, c'est-à-dire qu'elle prouve par son insuccès même.

Nous allons voir un eczéma, appartenant à la diathèse herpétique, échouer à Royat et s'améliorer considérablement à une station voisine, à la Bourboule.

XLe OBSERVATION.

M. M., 42 ans. Bonne constitution. Tempérament lympha-tico-sanguin.

Appartient à une famille où tous les membres sont atteints d'affections cutanées, de névroses, de dyspepsie, etc., mais sans aucune manifestation de goutte ou de rhumatisme.

M. M. a été atteint, il y a dix ans, d'une plaie au pied, dont il n'a pu se débarrasser qu'en absorbant de fortes doses d'iodure de potassium. Depuis six à sept ans, atteint d'un violent prurit à l'anus qui parait avoir été accompagné de pityriasis. Depuis un an, éprouve un larmoiement continuel avec photophobie qui diminue aussitôt que l'affection anale augmente.

Depuis cinq à six mois, apparition d'un eczéma sur les bourses et la racine de la verge. Quelques placards sur les cuisses, les avant-bras et au pourtour des mamelons. Démangeaisons vives ; un peu de suintement. Bonne santé générale ; pas de dyspepsie.

Venu à Royat, M. M. y fait deux saisons ; malgré toutes les précautions prises, malgré les bains mitigés, il se fait une forte exaspération des plaques eczémateuses et M. M. quitte Royat sans aucune amélioration.

Malgré cet insuccès, qui ne fut suivi d'aucune amélioration pendant l'hiver suivant, le malade fut renvoyé l'année suivante à Royat. On comptait, disait l'ordonnance, sur l'arsénic des eaux pour l'améliorer.

Sur notre conseil, M. M. ne prend pas les eaux à Royat et se rend sur le champ à la Bourboule pour y faire une saison et en revient très amélioré.

Depuis cette époque, M. M. va, presque tous les ans, prendre une vingtaine de bains à la Bourboule et s'en trouve parfaitement. L'eczéma a entièrement disparu des premières localisations, et les faibles poussées qui se font encore parfois ont lieu sur les épaules et le dos. La photophobie n'existe plus et M. M. a pu reprendre sa palette et ses pinceaux, ce dont il était obligé de se priver depuis longtemps.

Réflexions. — Quand nous vîmes M. M. pour la

première fois, six mois avant sa venue à Royat, nous fûmes frappé de l'enchaînement des phénomènes morbides qu'il nous présenta et de l'espèce de balancement existant entre la photophobie et le larmoiement d'un côté, et de l'autre le pityriasis anal. Il devient évident qu'il y avait là dessous un état diathésique qu'il restait à déterminer.

Or, en tenant compte des antécédents de la famille, de la santé générale du malade, nous demeurâmes persuadé que nous nous trouvions en présence d'une diathèse herpétique des mieux caractérisées.

Lorsqu'il nous fût envoyé à Royat, nous mîmes tout en œuvre pour améliorer son état et, malgré les soins que nous y apportâmes, nous ne sommes arrivé qu'à un échec. Aussi, lorsque le malade nous revint l'année suivante, nous ne voulûmes même pas renouveler une épreuve inutile, et nous envoyâmes M. M. à la Bourboule ; nous fîmes bien, car, dès la fin de la première saison, il avait retrouvé une amélioration qu'il avait poursuivie en vain à Royat.

Ce fait nous paraît être d'un enseignement intéressant. Si nous ne nous trompons, il prouverait trois choses. La première, c'est que les eaux de Royat ne sont réellement bien indiquées que contre les dermatoses arthritiques et que leur action est nulle, pour le moins, contre les manifestations herpétiques. La seconde, c'est que les eaux arsénicales de la Bourboule jouissent d'une efficacité réelle contre l'herpétisme. La troisième, c'est que les idées de M. Bazin sont justes, au moins relativement à la séparation d'action qu'il établit entre les eaux arsénicales et les eaux alcalines, selon qu'on a affaire à des affections herpétiques ou arthritiques.

Après l'eczéma qui, comme nous l'avons dit, comprend la très grande majorité des dermatoses que nous sommes appelé à soigner à Royat, les autres manifestations cutanées se partagent en nombre à peu près égal.

Pityriasis.

Le pityriasis est peut-être l'affection que nous avons le plus rencontrée après l'eczéma. En voici un cas qui a été fort amélioré à Royat ; mais comme nous n'avons plus eu de nouvelles du malade, nous ignorons si le bien s'est maintenu.

XLIᵉ OBSERVATION.

M. R., 45 ans. Constitution robuste. Tempérament sanguin. N'a jamais eu ni goutte ni rhumatismes. Ne se connaît aucuns antécédents de famille. Sa sœur seule est atteinte d'un pityriasis qui a envahi les cheveux et les sourcils. Voici comme nous le trouvons: M. R., qui est très chauve, offre tout autour de la tête, en arrière dans les cheveux, des croûtes plates, épaisses, jaunâtres, quelques-unes grisâtres. Autour du cou, à la naissance des cheveux, légère éruption eczémateuse. Sur le sternum, large plaque de pityriasis.

Santé générale très bonne; estomac légèrement dyspeptique.

Quand M. R. nous quitta, après 23 bains, il était très bien, la santé générale parfaite. Le pityriasis du sternum a disparu, celui de la tête est borné à une longue bande rougeâtre située en arrière dans les cheveux , sur laquelle les croûtes ont disparu pour faire place aux minces plaques du pityriasis simplex.

L'eczéma n'existe plus.

En somme, le malade nous quitte satisfait de sa saison.

RÉFLEXIONS. — Il est impossible de nier qu'il y ait eu amélioration dans ce cas. Une partie du pityriasis et l'eczéma ont disparu, et là où la maladie plus tenace persistait encore, elle était ramenée à l'état de pityriasis simplex.

Nous devons dire que, dans d'autres cas de la même dermatose, nous avons été moins heureux, et que plusieurs fois les malades nous ont quitté sans amélioration.

Psoriasis.

Nous placerons, à côté du pityriasis, quelques cas de psoriasis, qui appartient aussi à la classe des affections squammeuses. Mais nous n'avons pas eu beaucoup à nous louer de l'action des eaux sur cette catégorie d'affections.

XLIIe OBSERVATION.

M. W., 44 ans. Bonne constitution. Tempérament lymphatico-sanguin. Né d'un père goutteux.

M. W. a eu très souvent dans sa jeunesse de fortes douleurs dans diverses parties du corps ; il était très sujet aux migraines.

Depuis dix ans, atteint d'un psoriasis qui a fait apparition tantôt d'un côté, tantôt de l'autre, mais qui a siégé surtout sur le front. A été traité pendant dix ans sans résultat à New-York.

Depuis six semaines qu'il s'est confié aux soins de M. Bazin, M. W. éprouve une amélioration inespérée.

Venu à Royat, nous trouvons M. W. dans l'état suivant : sur le front, à la racine des cheveux, larges plaques rouges, mais sans squammes. Plaques squammeuses au scrotum, au nombril et aux aisselles. Rien ailleurs.

Bonne santé générale. Estomac parfait.

M. W. nous quitte après vingt-huit bains. Le traitement a provoqué un peu d'excitation dans les plaques psoriasiques. Sur le front il s'est formé quelques légères squammes. Les plaques du scrotum et des aisselles sont sensiblement moindres et moins épaisses. Celle du nombril n'a subi aucune modification. L'état général reste parfait.

RÉFLEXIONS. — Cette observation prouve peu de chose relativement au traitement thermal, puisqu'en résumé les modifications opérées dans l'état des plaques psoriasiques ont été peu marquées. Cependant, ce n'est pas une raison pour croire entièrement à un insuccès, car nous savons que, bien des fois, le mieux ne se fait sentir que quelque temps après le départ des eaux. Le résultat immédiat de celles-ci n'est souvent qu'une excitation plus grande des dermatoses, et ce n'est qu'un peu plus tard, lorsque le calme revient, que l'amélioration se déclare et que la guérison s'opère.

Une raison qui nous empêcherait de désespérer de l'action favorable de nos eaux dans ce cas, c'est l'efficacité extraordinaire qu'a eue pour le malade le traitement prescrit par M. Bazin. Après dix années de soins sans résultats, M. W. vient se confier à M. Bazin, et au bout de six semaines d'une médication purement alcaline, M. W. éprouve, dans son état, une amélioration qu'il qualifiait lui-même d'inespérée.

Or, jugeant par analogie, nous croyons devoir espérer que, si le traitement alcalin a eu sur ce psoriasis une action favorable, l'emploi des eaux de Royat n'aura pas été sans quelque efficacité.

Nous croyons devoir adjoindre à l'exemple précédent une autre observation de psoriasis d'un genre bien rare, et dont il nous a été donné de voir cinq cas en peu de temps, grâce au savant professeur dont nous venons de parler. Ce sont des psoriasis de la langue.

Cette affection, assez rare de sa nature, est connue cependant en pathologie, et Astley Cooper entre autres lui a consacré un mémoire spécial. Mais nous croyons que c'est M. Bazin qui, le premier, lui a donné son véritable nom, en démontrant que ce n'était autre chose qu'une affection squammeuse de la langue.

Elle est constituée par de larges plaques blanchâtres, nacrées et luisantes, recouvrant la langue soit à sa surface supérieure, soit sur les côtés de la base, mais pouvant envahir aussi tout le palais, la partie interne des joues et le bord libre des lèvres, sans dépasser les limites de la muqueuse.

Ces plaques blanches, plus ou moins épaisses, sont formées par des squammes épithéliales, qui tombent et se renouvellent sans cesse, laissant à nu, par leur chute, les papilles linguales. Quand ce phénomène a lieu, la langue paraît d'un rouge vif, comme excoriée, elle est gonflée et devient le siège de douleurs extrêmement vives, qu'exaspèrent le manger et le parler.

Cette affection est des plus graves. La plupart des médecins la regardent comme incurable, et Astley Cooper a porté sur elle le pronostic le plus fâcheux ; pour lui, elle finit par entraîner la mort du malade. Disons, cependant, que la marche de la maladie est fort lente. Nous connaissons deux malades qui en sont atteints depuis vingt ans, et quoiqu'ils en souffrent assez vivement de temps à autre, leur santé générale n'en est pourtant pas altérée.

M. Bazin, regardant cette affection comme une manifestation diathésique, a entrepris de la guérir par un traitement général destiné à modifier l'état constitutionnel. Quoique, dans la plupart des cas, les résultats obtenus aient été tout à fait nuls, cependant l'exemple suivant semblerait indiquer qu'il ne faut pas toujours désespérer de toute amélioration.

XLIIIe OBSERVATION.

M. F., 73 ans. Constitution délicate. Tempérament nerveux. Son père était goutteux ; son fils l'est aussi. Quant à lui, quoiqu'il n'ait jamais eu d'attaque de goutte franche, il éprouve, depuis de très longues années, des douleurs dans toutes les parties du corps, douleurs qu'il appelle rhumatismales et qui sont évidemment goutteuses. A souffert longtemps d'hémorrhoïdes disparues aujourd'hui.

M. F. a eu, pendant fort longtemps, un eczéma anal extrémement gênant par les démangeaisons qui l'accompagnaient. Plus tard est survenu un eczéma ombilical.

L'eczéma ayant disparu, il est survenu. depuis quelques mois, un psoriasis buccal qui recouvre tout le dessous de la langue moins la pointe, les deux côtés du frein dans une large étendue et la partie interne des deux joues. Cette affection est peu douloureuse, mais gène beaucoup pour manger.

Estomac délicat, dyspeptique, digère surtout difficilement les liquides.

Venu à Royat en 1867. Soumis à un traitement par les bains, la boisson, les gargarismes et les douches pulvérisées.

M. F. nous quitte au bout de vingt-un bains. L'affection buccale est un peu irritée ; elle a gagné en étendue et le malade se prétend plus souffrant au moment du départ qu'à son arrivée.

Revenu à Royat en 1868. Pendant l'hiver, M. F. a continué l'usage de l'eau de César en boisson et en pulvérisation ; il a éprouvé de son traitement le plus grand bien : le psoriasis avait même complétement disparu, mais, sous l'influence des grandes chaleurs, le mal est revenu. La face supérieure de la langue est lisse et légèrement blanche ; il en est de même à la partie interne des joues. A gauche, au niveau de la dernière molaire, il existe une légère excoriation. Estomac toujours très susceptible. Légère diarrhée à laquelle le malade est sujet.

Ne prend que quinze bains avec pulvérisation et boisson, et part ensuite à cause du dérangement qui persiste. Aucun changement appréciable dans l'état de la bouche.

Réflexions. — Il est impossible de mettre en doute l'état diathésique de cette affection ; il est écrit en toutes lettres dans l'historique du malade. Fils d'un père goutteux, ayant un fils goutteux, M. F. a ressenti, pendant une partie de son existence, des douleurs erratiques qui, de toute évidence, étaient arthritiques. S'il n'a pas eu d'attaque de goutte régulière c'est probablement en vertu de cette loi bizarre mais assez commune, qui fait dire dans le monde que la goutte saute une génération. Mais il n'en est pas moins certain que l'état constitutionnel existe chez M. F. comme chez son père et chez son fils.

Indépendamment des douleurs, nous trouvons aussi une disposition hémorrhoïdaire prononcée, et qui, probablement, servait de dérivatif, mais qui, malheureusement, a disparu. L'eczéma anal et ombilical devait être une manifestation de l'état constitutionnel, et il est à présumer que s'il avait été respecté, nous n'aurions pas vu survenir ce psoriasis buccal bien autrement sérieux.

Ainsi donc, il est évident que le psoriasis buccal de M. F. était une manifestation arthritique, et dès lors le traitement thermal de Royat avait quelques chances d'être utile. Il paraît avoir assez bien réussi, à en juger du moins par les résultats, puisque la maladie a disparu pendant bien des mois, et qu'en 1868, après sa réapparition, le mal était moins intense qu'en 1867.

Nous avons appris depuis que M. F. était entièrement guéri.

Nous ne pousserons pas plus loin ce que nous avons à dire sur les dermatoses squammeuses traitées à Royat: tout ce que nous ajouterons, c'est que ce sont celles qui ont été le moins favorablement influencées par les eaux de cette localité.

Nous pourrions rapporter des exemples de lichen, d'acné miliaire, de couperose, de prurigo, traités avec des résultats divers, mais avec d'autant plus d'avantages que la diathèse arthritique était plus fortement empreinte dans la constitution des malades.

Urticaire.

Mais nous devons nous limiter, et pour finir l'étude des dermatoses, nous nous bornerons à citer un cas d'urticaire rhumatismale tenace, qui a cédé entièrement à l'usage prolongé de nos eaux.

XLIVe OBSERVATION.

M. A., 67 ans. Constitution frêle et délicate. Tempérament nerveux.

Atteint depuis longues années de douleurs rhumatismales contractées en naviguant, et depuis deux ans d'une urticaire chronique qui a remplacé presque entièrement les rhumatismes.

Venu à Royat en 1864, M. A. avait toutes les épaules, les reins et les membres supérieurs couverts de petites taches d'urticaire, insupportables par les démangeaisons qu'elles occasionnaient. Estomac délicat, susceptible, très fréquemment dyspeptique, intestins souvent dérangés. Hémorrhoïdes.

A la suite d'une saison de vingt-trois bains, M. A. nous quitte assez bien : beaucoup de taches ont disparu. L'estomac est mieux et digère plus facilement.

Revenu à Royat en 1865, M. A. a passé un bon hiver, sans être tracassé par l'urticaire, mais il se sent affaibli par le traitement alcalin auquel il a été soumis. L'urticaire se borne à quelques petites taches rouges, éparpillées sur les épaules et les bras. Ressent quelques douleurs rhumatismales.

Dans cette saison, le traitement réveille un peu de douleurs et provoque la sortie de quelques taches d'urticaire.

Au départ, l'urticaire a disparu, la faiblesse est passée, et M. A. nous quitte dans l'état le plus satisfaisant.

Retour à Royat en 1866. M. A. a eu encore quelques taches d'urticaire, mais en si petit nombre qu'elles ne l'ont pas fait souffrir. Les douleurs rhumatismales se sont à peine fait sentir. La faiblesse n'est plus revenue.

La saison thermale se passe sans incident : M. A. vient aux eaux plutôt pour se fortifier que pour traiter aucune affection.

M. A. nous revient à Royat, en 1868, pour la quatrième fois. L'hiver a été mauvais, l'urticaire n'a plus reparu, mais notre malade a été fatigué par des douleurs rhumatismales : en outre, il est fort affaibli par des hémorrhagies hémorrhoïdaires très fortes. La faiblesse est très grande ; le malade est pâle et amaigri. Son estomac est toujours resté bon.

La peau, dans les parties anciennement atteintes d'urticaire, est hypérestésiée.

Au bout de vingt-quatre jours de traitement, M. A. nous quitte en bon état. Ses douleurs se sont amoindries ; il a repris des forces et des couleurs. L'hypérestésie cutanée est modifiée, mais fort peu gênante.

Réflexions. — Nous voyons chez ce malade la double indication curative que nous avons établie comme la caractéristique des eaux. Premièrement, elles modifient la constitution rhumatisante du malade et mettent fin à une dermatose bien rebelle, car il a fallu trois années de traitement pour l'éteindre. Secondement, quand le malade nous revient, en 1868, l'urticaire est finie, et le malade n'a plus à combattre que la faiblesse résultant, chez un vieillard, de pertes sanguines répétées.

Or, Royat lui rend encore le service de détruire cette débilité et de reconstituer l'économie, et cela, non passagèrement, mais d'une manière définitive ainsi que nous l'ont appris des lettres postérieures.

Nous en avons fini avec l'énumération des affections.

diverses qu'il nous a été donné de voir et de soigner à Royat, ainsi qu'avec les observations que nous avons cru devoir fournir à l'appui de nos assertions. On comprend que ces exemples ne constituent qu'une très infime minorité des cas semblables qui nous ont passé sous les yeux, mais ils suffisent pour justifier de l'efficacité de nos eaux.

Si maintenant, arrivés au terme de notre travail, nous jetons un regard d'ensemble sur la longue liste d'affections diverses que nous avons citées et sur les résultats obtenus, ne trouvons-nous pas la confirmation de ce que nous disions au début, quand nous établissions la caractéristique thérapeutique des sources de Royat.

Beaucoup de ces affections si variées, nées sous l'influence de causes accidentelles, doivent leur chronicité et leur durée interminable à une débilité soit primitive soit secondaire. Pour celles-ci, les eaux de Royat agissant uniquement comme toutes les autres eaux toniques. Elles reconstituent l'économie, activent les fonctions assimilatrices, réveillent les synergies, et viennent ainsi en aide à la nature pour combattre les états morbides accidentels.

N'est-ce pas uniquement de cette manière qu'on peut expliquer leur mode d'action dans les affections utérines. De toute évidence, elles n'ont aucune prise sur le mal local, mais comme celui-ci se lie toujours à un état chloro-anémique qui va s'aggravant en raison même de la durée et de la gravité de la lésion de l'utérus; comme la chloro-anémie entraîne avec elle des perturbations nerveuses plus pénibles souvent pour le malade que la lésion primitive elle-même, il est évident que les eaux qui diminuent la chloro-anémie et toutes les conséquences qui en dérivent, doivent amener dans l'état général une amélioration fort appréciée des malades, alors même que la maladie de l'utérus n'est pas sensiblement modifiée.

Ce que nous disons ici des affections de la matrice en général, ne pourrions-nous pas le dire de beaucoup d'autres affections particulières? Ainsi, dans certaines bronchites chroniques, dans certaines névroses des voies digestives, nous ne pensons pas qu'il faille chercher ailleurs que dans une action fortifiante des eaux les principes de la curation obtenue.

Mais, en dehors de cette catégorie de gens pour lesquels nous voyons l'action curative uniquement dans les propriétés toniques des eaux, il est encore beaucoup d'autres malades pour lesquels nous devons chercher ailleurs les causes de l'action bienfaisante du traitement thermal, car chez eux la chloro-anémie n'existe pas ou n'est pas assez prononcée pour être une cause déterminante ou aggravante de leur position.

Ce n'est pas que chez ces malades l'action tonique cesse de se faire sentir, mais elle ne suffirait pas à elle seule pour expliquer la guérison d'un état morbide où la débilité est nulle ou à peine indiquée. Il faut donc chercher ailleurs la cause des propriétés curatives, et selon nous elle est dans la composition des eaux de Royat qui les rend très efficaces contre les manifestations diverses du rhumatisme et de la goutte, en un mot, contre l'arthritis.

Toutes les fois que la maladie reposera sur un fond arthritique, et qu'on aura lieu de supposer l'influence de l'état diathésique dans la persistance du mal ; toutes les fois surtout que la maladie ne sera qu'une manifestation extérieure de cette même diathèse, les eaux de Royat seront rationnellement indiquées, et les malades auront les chances les plus grandes de voir améliorer leur situation. Quand l'état diathésique est autre, la venue à nos thermes est tout à fait inutile, les chances de guérison y sont nulles ou à peu près nulles. Telle est notre conviction bien établie.

CHAPITRE VI.

Source du Puy de la Poix.

Nous en aurions fini avec les eaux de Royat si nous ne croyions devoir, en terminant, dire quelques mots d'une ressource balnéaire supplémentaire, qui nous est fournie par une petite source fort ignorée, située à quelque distance de Royat, mais dont nous avons eu plusieurs fois à utiliser les eaux transportées.

Nous voulons parler de la source sulfureuse dite le Puy de la Poix. Située à 5 kilomètres environ de Clermont-Ferrand, sur la route de Lyon, c'est-à-dire à l'opposite de Royat, cette source mérite d'attirer l'attention et serait assurément fort intéressante si son débit était plus considérable.

Elle sort de terre en un endroit aride et désert, dans l'angle d'un petit puits carré, à deux mètres en contrebas du sol, formé, sur une certaine étendue aux environs, d'une couche de bitume desséché et durci, mais que ramollissent les rayons brûlants du soleil d'été.

Le filet d'eau qui émerge est si faible qu'il ne peut établir un courant et qu'il se perd au bout de quelques mètres dans un fossé voisin.

Cette eau est louche, d'un goût amer très prononcé, développe une odeur d'acide sulfhydrique très désagréable, et est recouverte d'une couche de bitume assez épaisse pour qu'on puisse en enlever des fragments avec le bout d'un bâton.

La température est de 14°.

M. Nivet, à qui les eaux d'Auvergne doivent de si beaux travaux, a analysé jadis cette source. Voici, suivant lui, quelle en serait la composition :

On trouve par litre :

	Gr.	L. Cc.
Acide carbonique	1.5140	0.7648
Acide sulfhydrique	0.0166	0.0107
Azote et oxygène	?	0.0500

ANALYSE TROUVÉE	GRAMMES	ANALYSE RECTIFIÉE	GRAMMES
Carbonate de soude	Traces	Bicarbonate de soude	Traces
Sulfate de soude	7.9481	Sulfate de soude	7.9481
Chlorure de sodium	70.9170	Chlorure de sodium	70.9170
Sulfure de sodium	0.3869	Sulfure de sodium	0.3869
Chlorure de potassium	Traces	Chlorure de potassium	Traces
Carbonate de magnésie	0.1550	Bicarbonate de magnésie	0.2350
Chlorure de magnésium	0.5713	Chlorure de magnésium	0.5713
Carbonate de fer	0.1300	Bicarbonate de fer	0.1800
Carbonate de chaux	2.0400	Bicarbonate de chaux	2.8899
Soufre et silice	Traces	Soufre et silice	Traces
Bitume et matières organiques	0.1520	Bitume et matières organiques	0.1520
Perte	0.2597	Perte	0.2597
TOTAL des sels par litre d'eau	82.5600	TOTAL des sels par litre d'eau	83.5399

Le phénomène le plus remarquable que présente cette petite source est l'association, en proportion énorme, du bitume, du chlorure de sodium et du sulfure de sodium.

« Lorsqu'il n'existait pas encore de bassin, dit M.
» Nivet, on pouvait suivre de l'œil la sortie de l'eau,
» du gaz et du pissasphalte. On voyait alors s'échap-
» per de temps en temps des séries de bulles d'hy-
» drogène sulfuré mêlé d'acide carbonique, chassant
» devant elles de petits amas de bitume qui s'étalaient
» en s'entourant d'une auréole irisée. Parfois, cette
» matière gluante obstruait la fente du rocher; l'eau
» et le gaz s'accumulaient au-dessous d'elle, et après
» quelques instants ils projetaient au loin l'obstacle qui
» les avait momentanément arrêtés » (NIVET).

Nous ne nous arrêterons pas plus longtemps sur la
composition de cette eau. Faisons remarquer seulement
l'énorme quantité de principes qu'elle contient (82^{gr} 67^c
par litre). La plus grande partie est constituée par le
chlorure de sodium (70^{gr} 91^c). Quant au sulfure de sodium remarquons aussi ses proportions (0^{gr} 3869^{mm}),
tandis que la source la plus sulfureuse des Pyrénées
n'en renferme que 0,0868.

Il est donc évident que l'eau du Puy de la Poix aurait
une importance très grande si elle avait un débit un
peu considérable.

Telle qu'elle est, cependant, on l'utilise aux bains de
Royat où on la transporte dans de grands vases clos, et
comme la sulfuration a une grande fixité, elle ne s'altère pas par le transport. M. Allard prétend en avoir
conservé un litre pendant quatre ans sans que la moindre
désulfuration y ait été constatée.

A Royat on la mélange à l'eau de la Grande Source
qu'elle noircit un peu. Les proportions du mélange va-
rient entre vingt et quarante litres.

On comprend qu'une eau aussi fortement minéralisée

doive jouir de propriétés puissantes, même quand elle est mitigée, et qu'elle constitue un stimulant énergique. Le chlorure de sodium qu'elle renferme, en proportions plus que doubles de celles de l'eau de mer et le sulfure de sodium, justifient suffisamment cette proportion.

Nous ne l'avons jamais employée que chez des enfants pour combattre les manifestations de la scrofule ou simplement du lymphatisme.

Ce n'est pas que nous réclamions pour Royat le traitement de ce genre de maladies ; mais il n'est guère d'années où des parents venus à nos thermes pour se soigner, n'amènent avec eux des enfants qui ont aussi besoin de quelque traitement. Or, quand ceux-ci sont atteints de ces petites misères qui ne sont souvent dues qu'à l'exagération d'une constitution lymphatique, on peut trouver dans les ressources supplémentaires que nous offre l'eau du Puy de la Poix, les moyens de combattre ces indispositions qui, souvent, préoccupent les parents.

Nous dirons avoir vu traiter par ce moyen une jeune fille atteinte de lésions scrofuleuses assez graves, et qui ont été parfaitement guéries par l'usage de cette eau.

C'est donc une ressource de plus que nous possédons, et dont, à l'occasion, nous devons savoir tirer parti.

FIN.

de propriétés puissantes, même quand elle est
et qu'elle constitue un stimulant énergique. Le
chlorure de sodium qu'elle renferme, en proportions
plus que double de celles de l'eau de mer, et le sulfate
de sodium, justifient suffisamment cette proportion.

Nous ne l'avons jamais employé que chez des enfants
qu'il s'agissait de combattre les manifestations de la scrofule ou simplement du lymphatisme.

Ce n'est pas que nous redoutions pour Royat le traitement de ce genre de maladies; mais il n'est guère
d'enfants ou des parents venus à nos thermes pour se
soigner, n'amènent avec eux des enfants qui ont aussi
besoin de quelque traitement. Or, quand ceux-ci sont
atteints de ces petites misères qui ne sont souvent dues
qu'à l'exagération d'une constitution lymphatique, on
peut trouver dans les ressources supplémentaires que
nous offre l'eau du Puy de la Poix, les moyens de combattre ces indispositions qui, souvent, préoccupent les
parents.

Nous devons avoir à traiter par ce moyen une jeune
fille atteinte de lésions scrofuleuses assez graves, et qui
ont été rapidement guéries par l'usage de cette eau.

C'est là une ressource de plus que nous possédons
et dont, à l'occasion, nous devrons savoir tirer parti.

TABLE

DES MATIÈRES

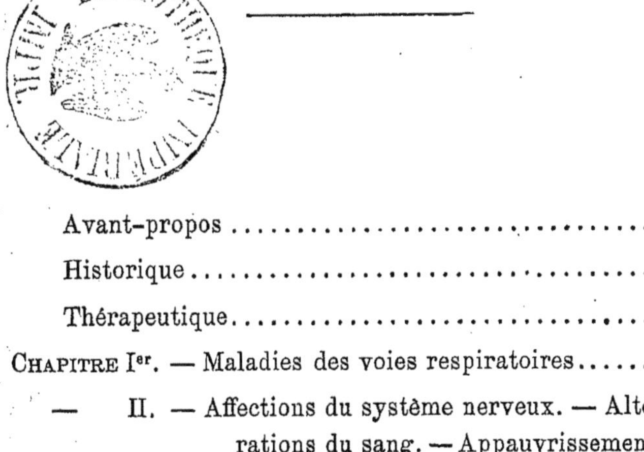

FIN DE LA TABLE.